复旦卓越·人力资源管理和社会保障系列教材

人事档案管理实务
（第二版）

李晓婷　编　著

丛书编辑委员会

编委会主任　　李继延　李宗泽
编委会副主任　冯琦琳
编委会成员　　李　琦　张耀嵩　刘红霞　张慧霞
　　　　　　　郑振华　朱莉莉

复旦大學 出版社

内容提要

本书采用"能力本位、任务驱动"的项目教学方法,基于人事档案工作的过程,设计学习型的工作任务,重点训练学生的动手操作能力和自学领悟能力,让学生在动手过程中学会动脑。知识传授则以归纳总结的形式,在学生任务完成的过程中适时进行。

本书共分七个项目,项目一通过实地观摩、近距离接触人事档案和档案工作人员,对人事档案及其管理工作有一个概括性的认识;项目二至项目七以人事档案管理的过程为主线,依次介绍人事档案的收集、鉴别、整理、保管、利用、转递、登记和统计业务。每个项目均由教学目标、案例导入、实训任务、相关知识链接/业务指南、3-2-1总结组成,补充了一些法规阅读、延伸阅读和拓展训练。

本书与时俱进,根据现行主要的人事档案管理法规,尤其是将2018年中共中央办公厅印发的《干部人事档案工作条例》的新规定、新要求,融入本次修订内容,充实了人事档案的内容分类和利用服务,为各类人事档案规范化管理提供了根本性指导和引领作用。

本书适用于高职高专院校人力资源管理、档案管理及文秘专业类师生选作教材,也可作为相关工作人员的培训教材或日常参考资料。

丛书总主编　　李　琦

编辑成员(按姓氏笔画排序)

邓万里　田　辉　石玉峰　孙立如　孙　林　刘红霞
许晓青　许东黎　朱莉莉　李宝莹　李晓婷　张慧霞
张奇峰　张海蓉　张耀嵩　肖红梅　杨俊峰　郑振华
赵巍巍

二版前言

人事档案是历史地、全面地了解和考察一个人的必要手段,作为人事管理的重要部分,人事档案具有重要的凭证和参考价值,是人力资源开发、配置利用和预测的重要依据。

伴随着人事制度改革和信息技术的发展,人事档案管理逐渐走向科学化、信息化、社会化。面对新的社会环境、制度环境和技术环境,以人事制度改革为契机,以信息技术为依托,以人事档案科学化管理为基础,以人事档案社会化服务为目标,将人事档案管理研究及实践工作推向更高水平是每一位人事档案工作人员和研究人员应认真思考的问题。

人事档案管理通常是作为档案管理基础教材的一个章节内容来介绍,专门针对人事档案管理的教材多以理论研究为主。为适应高职高专人力资源管理(人力资源服务)类专业学生的教学需求,帮助人事档案工作人员提高专业理论水平和实务操作技能,作者结合近年的教学研究和人力资源服务机构档案管理岗的实践经验,编写了此书。本书具有以下特点:

1. 采用项目化教学单元构建内容体系,实用性和操作性强。基于人事档案工作的过程,提炼典型工作任务,采取任务驱动式的教学方法,重点训练学生的动手操作能力和自学领悟能力,让学生在动手过程中学会动脑;知识传授则以链接形式归纳总结,在学生完成任务的过程中适时进行,便于学生理解和完成业务训练。"能力本位、任务驱动"的项目化教学方法与"理论适度、技能为主"的高职教育理念相吻合,本书在强调必要的基础理论学习和应用的同时,更注重训练学生作为一名人事档案工作人员(或人事专员)在基础人事工作中应具备的人事档案管理业务技能。

2. 在体例编排上,本书集教学目标、案例导入、实训任务、相关知识链接/业务指南、法规阅读/延伸阅读、拓展训练于一体。每个项目的案例导入和延伸阅读尽量选择较新的、贴近实际的话题,以增强学生兴趣;实训任务以模拟工作场景、提炼典型工作任务为主;相关知识链接是帮助学生理解和完成实训任务的必要理论知识归纳和总结;最后附录现行主要的人事档案管理法律法规,旨在突出人事档案管理工作的政策性、专业性,引导人事档案管理向规范化发展。本书致力于将学生培养成为熟悉人事档案政策法规、掌握人事档案管理业务技能、胜任拟写相关工作制度、名副其实的人事档案管理员。

3. 在内容选取上,本书介绍了人事档案的发展历程、管理体制、主要业务和重要政策规定,注重各环节的规范化管理。随着人力资源市场的逐步成熟,单位和个人双向选择的余地日益扩大,人员流动越来越频繁,人事档案的服务对象从单位扩大到社会,流动人员人事档案的管理也受到重视。本书实操部分以流动人员人事档案的业务经办为主。

本书适用于高职高专院校人力资源管理、档案管理及文秘专业类师生选作教材,也可作为人事档案工作人员及人力资源管理(人力资源服务)相关从业人员的培训教材或日常查考资料。

本书在编写过程中参阅了大量专家学者的研究成果和网络资料,在此一并表示衷心的感谢。

由于编者水平有限,经验欠缺,书中不当之处敬请读者批评指正。

联系方式:lixt008@126.com

李晓婷

2019 年 7 月

目 录

项目一　人事档案管理基础 …………………………………………………… 1
　　任务一　认识人事档案 …………………………………………………… 2
　　任务二　管理人事档案 …………………………………………………… 11
　　任务三　了解人事档案工作人员 ………………………………………… 18
　　任务四　综合实训 ………………………………………………………… 22

项目二　人事档案的收集 ………………………………………………………… 24
　　任务一　人事档案收集的理论基础 ……………………………………… 27
　　任务二　流动人员人事档案托管业务 …………………………………… 35
　　任务三　综合实训 ………………………………………………………… 66

项目三　人事档案的鉴别和整理 ………………………………………………… 68
　　任务一　人事档案的鉴别 ………………………………………………… 71
　　任务二　人事档案的整理 ………………………………………………… 77
　　任务三　综合实训 ………………………………………………………… 93

项目四　人事档案的保管 ………………………………………………………… 95
　　任务一　人事档案保管的理论基础 ……………………………………… 96
　　任务二　流动人员人事档案保管业务 …………………………………… 107
　　任务三　综合实训 ………………………………………………………… 113

项目五　人事档案的利用 ………………………………………………………… 115
　　任务一　人事档案利用的理论基础 ……………………………………… 117
　　任务二　流动人员人事档案利用业务 …………………………………… 129
　　任务三　综合实训 ………………………………………………………… 150

项目六　人事档案的转递 ··· 152
　　任务一　人事档案转递的理论基础 ·· 153
　　任务二　流动人员人事档案转递业务 ······································ 157
　　任务三　综合实训 ·· 164

项目七　人事档案的登记与统计 ·· 166
　　任务一　人事档案的登记 ·· 168
　　任务二　人事档案的统计 ·· 171
　　任务三　综合实训 ·· 178

附录 ··· 180
　　附录1　干部人事档案工作条例 ·· 180
　　附录2　干部档案整理工作细则 ·· 187
　　附录3　流动人员人事档案管理暂行规定 ···································· 192
　　附录4　干部人事档案工作目标管理暂行办法 ································ 195
　　附录5　干部人事档案工作目标管理考评标准 ································ 197
　　附录6　干部人事档案工作目标管理检查验收细则 ···························· 201
　　附录7　北京市流动人员人事档案管理暂行办法 ······························ 209
　　附录8　干部人事档案材料收集归档规定 ···································· 212
　　附录9　关于进一步加强流动人员人事档案管理服务工作的通知 ················ 216
　　附录10　关于简化优化流动人员人事档案管理服务的通知 ····················· 218

主要参考文献 ··· 221

项目一

人事档案管理基础

教学目标

知识目标

① 理解人事档案的定义、属性、分类及作用;
② 掌握人事档案工作的内容、要求及七大环节;
③ 熟悉人事档案相关政策、法律法规及管理制度;
④ 了解人事档案工作人员的实际工作环境、工作内容及任职要求。

能力目标

① 能准确地识别和判定人事档案;
② 认清人事档案管理的现状及发展趋势,了解人事档案对个人、单位和社会的重要意义及其在人力资源管理中的基础地位;
③ 灵活运用人事档案管理知识及相关政策、法律法规处理实际问题。

案例导入

优秀人事档案管理员——小林

小林在某投资公司人力资源部负责基础人事工作,其中一项是有关员工人事档案的管理。他对工作非常负责,密切关注员工情况,凡有变动都能及时地对其档案材料进行收集、补充和清理,每位员工的档案材料也都被整理得井然有序、目录清楚,使人力资源管理工作中无论是员工考核、聘任、核定工资还是办理各种人事关系手续,都非常方便。

> 小林的工作得到公司的认可,他在优秀员工表彰大会上说,人事档案记录着每一位员工的关键信息(基本信息及业绩表现),是单位了解、考察和使用员工的重要依据,是处理与个人有关的各种问题的重要凭证。人事档案管理工作直接关系到个人和单位的切身利益。所以,在人事档案的管理过程中,必须非常认真,对员工录用、培训、考核、奖罚、异动、退休等形成的档案材料都按规定及时收集、补充和整理,确保员工档案的完整和系统。同时,小林认真执行国家相关法律规定,制定并落实公司人事档案管理制度,无论谁利用档案,都必须履行审批和借阅手续,保证了人事档案的完整和安全。
>
> 资料来源:改编自张虹、姬瑞环,《档案管理基础》(第三版),中国人民大学出版社,2013年,第155页。
>
> 思考:通过上述案例,提炼人事档案工作的主要内容及要求,思考作为一名人事档案工作人员,应如何做好人事档案的管理工作。同时认识到人事档案的作用及重要性,重视并切实加强对人事档案的管理。

任务一　认识人事档案

一、任务要求

理解人事档案的定义和属性,能准确地识别和判定人事档案;认清人事档案管理的现状及发展趋势,了解人事档案对个人、单位和社会的重要意义及其在人力资源管理中的基础地位。

二、实训

(一)实训一

【实训名称】案例分析

【实训目的】通过具体案例分析,进一步理解人事档案的定义及属性。

【实训步骤】

(1) 提出案例:杨幂的个人档案。

> 中文名:杨幂
> 外文名:Yang Mi, Mini
> 别　名:紫曦,幂幂,狐狸,狐小幂
> 国　籍:中国
> 民　族:汉族
> 星　座:处女座
> 血　型:B型
> 身　高:1.68 m
> 体　重:45 kg

> 出生地：北京市宣武区
> 出生日期：1986年9月12日
> 职　　业：演员、歌手、电视剧制片人
> 毕业院校：北京电影学院
> 经纪公司：北京欢瑞世纪演艺经纪公司
> 代表作品：《仙剑奇侠传三》《神雕侠侣》《宫》《孤岛惊魂》和《小时代》
> 唱片公司：少城时代
> 工作室：杨幂工作室
> 曾获得第24届、第26届中国电视金鹰奖提名，第17届上海电视节白玉兰奖两项提名，获得一项白玉兰奖。
> 资料来源：http://baike.baidu.com/view/3871.htm?fr=aladdin

（2）思考及讨论：网络上流传着众多明星的个人档案，请辨别其是否属于人事档案？何为人事档案？人事档案的形成条件有哪些？

（3）教师总结。

【实训要求】

能够捕捉有效的信息及其关键点，正确地理解案例，联系所学知识进一步理解人事档案的定义及属性，明确人事档案的形成条件。

（二）实训二

【实训名称】"人事档案"认知调查

【实训目的】通过认知调查活动的开展，了解人们对人事档案的认识和关心程度，认清人事档案管理的现状及发展趋势，认识加强人事档案管理的必要性。

【实训步骤】

（1）全班5—7人一组，分成若干小组；
（2）以小组为单位，自行设计人事档案认知调查方案；
（3）以小组为单位，有效开展人事档案认知调查活动；
（4）以小组为单位，撰写人事档案认知调查报告。

【实训要求】

步骤2调查方案包括调查目的、调查对象、调查内容（形成调查问卷或访谈提纲）、调查时间、调查地点、调查方式；步骤4调查报告的撰写应基于对调查结果数据的科学整理和分析，总结性强，对策建议具有一定的可行性。

三、相关知识链接

（一）人事档案的定义及属性

1. 人事档案的定义

人事档案是在人事管理活动中形成的，经组织审查或认可的，记述和反映个人经历、思想品德、学识能力和工作业绩的，以个人为单位集中保存起来以备查考的文字、表格及其他各种形式的历史记录材料。

人事档案是我国人事管理制度的一项重要特色,它是个人身份、学历、资历等方面的重要凭证,与个人工资待遇、社会保障、组织关系紧密挂钩,具有法律效用,是记载人生轨迹的重要依据。目前,个人需要的司法公证、职称申报、开具证明、函调政审、办理退休手续等都要用到人事档案。

2. 人事档案的属性

人事档案的属性是构成人事档案的基本要素,也是识别和判定人事档案材料的理论依据。这些属性相互联系、互相制约,主要表现在以下五个方面:

(1) 各级组织在考察和使用人的过程中形成的。人事档案是各级组织在考察和使用人的过程中形成的,经组织审查或认可的,对个人经历和德才表现情况的真实记录。例如,各级组织会定期或不定期地布置填写履历表、登记表、鉴定表、学习工作总结、思想汇报以及年度考核表等;组织为审查某人的政治历史问题,就需要通过有关人员、有关单位和知情人了解情况,索要证明材料,然后根据这些材料和有关政策对其作出适当的审查结论和处理决定;在使用人的过程中,如调动、任免、晋升、出国等都要经过一定的审批手续,就产生了任免呈报表、审批表等材料。所有上述材料均属于人事档案材料。

人事档案在产生来源方面具有两个重要特征。第一,它是组织在考察和使用人的过程中产生的,而不是在其他过程中产生的。例如,专业技术人员在工作中撰写的学术报告、论文著作等不是组织在知人任人的过程中形成的材料,不属于人事档案材料;但通过学术报告、论文著作的目录能达到了解和使用人的目的,因而可以将其目录材料归入人事档案。第二,它是经过组织形成的或者是由组织认可的材料,而不是由个人编撰的材料。例如,个人不经过组织,私自找熟人写材料证明自己参加工作的时间,这是不算入人事档案的。

(2) 以个人为立卷单位。以个人为立卷单位是人事档案的外部特征,是由人事档案的作用决定的。人事档案是一个组织了解人、任用人的重要依据,是个人经历和德能勤绩等情况的全面真实记录。只有将反映一个人经历和德才表现的全部材料集中起来,整理成册,才便于历史地、全面地了解这个人,进而正确地使用这个人。

如果将一个人不同时期或不同方面的材料分散于不同单位或若干种类的档案里,有关这个人的材料被割裂肢解,一旦组织上要系统地了解这个人的情况,就如大海捞针,因工作量大、效率低,甚至可能漏掉重要材料而影响正常工作。如果未将某一个新近填写的履历表归入其人事档案中,而是以科室为单位装订成册,这种合订本就不能称为人事档案,因为它不具备以个人为立卷单位的属性,影响对一个人系统全面的了解。

(3) 按照一定的原则和方法进行整理。按照一定的原则和方法对个人材料进行整理是个人材料转化为人事档案的先决条件。个人材料犹如一堆原材料,人事档案则是按照一定的程序和规格加工出来的产品,这种经过整理的人事档案不再是繁杂无序的材料,而是具有一定规律的有机体。当然,这种整理必须依照一定的原则和办法进行。例如,2018年11月20日,中共中央办公厅印发的《干部人事档案工作条例》(见附录1)对干部人事档案工作的体制机制、内容建设、日常管理、利用审核、纪律监督等加以规范完善,是新时代全国各级各类干部人事档案工作的基本遵循。同时,这些原则、要求和办法一般均适用于其他类型人事档案的管理工作,也是人事档案管理工作的根本法规。人事档案相关政策、法律法规和管理制度的出台和执行,可以使人事档案更科学、规范、实用,更好地为人事工作服务。

(4) 手续完备且具有使用价值和保存价值。手续完备是指人事档案材料要按照一定的移交手续进行交接和处理。在日常的人事档案材料收集鉴别工作中,经常会遇到材料手续不全的棘手问题,例如,呈报表有呈报意见而无批准机关意见;履历表没有组织审核签署意见或没有盖章;政历审查结论和处分决定没有审批意见;入党志愿书没有介绍人意见。这些材料虽然也有人事档案的某些属性,但从本质上看,它们不具有或不完全具有人事档案的可靠性,不能作为考察和使用人的依据,因而不是人事档案材料,或者说还没有完全转化为人事档案材料,有的只能作为备查的资料,有的可以作为反映工作承办过程的材料存入机关文书档案。如果有的材料确实已经审批,但由于经办人员不熟悉业务或责任心不强而没有签署意见或盖章的,可以补办手续,这种补办手续的过程就是完成向人事档案转化的过程。

手续完备的个人材料是否能转化为人事档案,还要看这些材料是否具有使用价值和保存价值。精炼实用是鉴别人事档案材料的一个基本要求。如果玉石不分,将没有价值的材料也归入人事档案,则可能加大保管压力,影响利用效率,实属一种浪费。重份材料、无关的调查证明材料、同一个问题一个人写了多次证明的部分材料、本人多次写的内容相同的检查、交代材料等都属于没有价值的材料,必须在鉴别整理过程中剔除。

(5) 由各单位组织和人事部门集中统一保管。人事档案是组织上在考察和使用人的过程中形成的,记载着有关知情人为组织提供的情况。人事档案材料的内容一般只能由组织上掌握和使用,有些内容如果扩散出去可能产生负面影响,不利于安定团结和组织工作。同时,人事档案作为人事工作的工具,必须由人事部门(泛指组织部门、劳动人事或人力资源等一切管理人员的部门)按照人员管理范围分级集中统一保管。这是人事档案管理工作的基本原则,也是人事档案区别于其他档案的显著标志之一。任何个人不得保管人事档案,业务部门和行政部门也不宜保管人事档案。

3. 人事档案的特点

(1) 现实性。人事档案是为现实的人事管理工作服务的。人事档案记述和反映的是相对人现实的生活、学习及工作活动情况。组织人事部门为考察了解和正确使用员工,需经常查阅人事档案。随着个人的成长,需连续不断地补充新材料,以便较好地反映其现实面貌。反映现实并为现实工作服务是人事档案的一个重要特点。

(2) 真实性。人事档案的真实性是指人事档案材料从来源、内容和形式等方面都必须是完全真实的,人事档案记述的内容必须符合客观情况,不得有虚假、夸张、想象的成分,要真实地反映相对人各方面的历史与现实的全貌,做到"档如其人""档即其人"。人事档案作为组织了解和使用人的重要依据,真实性是人事档案的生命,也是其发挥作用的基础和前提。

(3) 动态性。随着相对人人生道路的延伸,一些反映新信息的文件材料不断形成,包括年龄的增长、学历与学识的提高、职务与职称的晋升、工作岗位与单位的变更、奖励与处分的状况等。人事档案的动态性表现为两个方面:第一,人事档案随着个人社会实践活动的发展变化,其数量不断增加,内容日益丰富。例如,在工作中,各单位对员工进行的培训、考核、任免、奖惩等活动都必然形成相应的人事档案材料;第二,人事档案会随着人员的流动或人员管理单位的变动发生转移,以实现人事档案管理与员工的人事管理相统一,便于发挥人事档案的作用。因此,人事档案应当做到"与时俱进""档随人走""人档统一"。

(4) 机密性。人事档案的内容记载了人员不同时期的各方面情况,包括自然状况、个人素质、工作情况、兴趣爱好、成绩错误等。有些人员,如担任不同级别的党和国家的领导职务,或者身负外交、国防、安全、公安、司法等特殊任务,其人事档案往往涉及党和国家的机密,可能涉及单位的内部情况或个人隐私。因此,人事档案在相当长的时间内、在一定的范围内具有机密性。为了维护国家的安全、单位的利益以及个人的权益,人事档案管理要严格遵守国家的有关规定,防止失密和泄密。

(5)专门性。人事档案属于一种专门档案(专业档案)。专门档案(专业档案)是指某些专门领域产生的有固定名称形式以及特殊载体的档案的总称。人事档案是组织和人事工作部门领域形成的档案,其内容具有专门性,自成体系,反映人事管理方面的情况。人事档案具有专门的形式和特定名称种类,如人事方面的各种登记表或考核材料等。

国家档案局在2011年10月和11月分两批发布了《国家基本专业档案目录》,该目录将我国的专业档案划分为人事类、民生类、政务类、经济类和文化类五大门类,在各门类下列出了具体的专业档案名称。有关人事类专业档案的名称及其主管部门见表1-1。

表1-1 人事类专业档案的名称及其主管部门

序 号	名 称	专业主管部门
第一批1	干部档案	中组部
第一批2	流动人员档案	中组部、人力资源和社会保障部
第一批3	户籍档案	公安部
第一批4	企业职工档案	人力资源和社会保障部
第二批1	学籍档案	教育部
第二批2	机动车驾驶员档案	公安部
第二批3	出租车驾驶员执业档案	交通部
第二批4	律师执业档案	司法部
第二批5	会计师执业档案	财政部
第二批6	医师执业档案	卫生部
第二批7	导游资格档案	旅游局
第二批8	民用航空器驾驶员执业档案	民航局

资料来源:《国家基本专业档案目录》(第一批、第二批),2011年。

(二)人事档案的内容

根据中共中央办公厅2018年11月20日印发的《干部人事档案工作条例》第十九条的规定,人事档案的内容包括十大类:

第一类 履历类材料;
第二类 自传和思想类材料;
第三类 考核鉴定材料;
第四类 学历学位、专业技术职务(职称)、学术评鉴和教育培训类材料;
第五类 政审、审计和审核类材料;
第六类 党、团类材料;

第七类　表彰奖励类材料；
第八类　违规违纪违法处理处分类材料；
第九类　工资、任免、出国和会议代表类材料；
第十类　其他可供组织参考的材料。

(三) 人事档案的分类

传统的人事档案主要以个人身份为依据，划分为干部档案、工人档案、学生档案、军人档案四大类型。其中，干部档案按干部管理权限分属组织部门管理和人事部门管理；工人档案归劳资部门管理；学生档案由学生工作部门管理；军人档案由军队人事部门管理。在这几类档案中，干部档案是主体和核心，发挥引领作用，其他类档案均参照干部档案管理方式进行。

随着市场经济体制的建立和国家人事制度的改革，传统的人事档案分类体系已不适应现代社会发展的需要，新的分类标准应运而生：

(1) 按工作单位的性质，可分为党政军机关人事档案、企业单位人事档案、事业单位人事档案、流动人员人事档案；

(2) 按职责和专业，可分为国家公务员(含参照公务员管理的单位、人民团体工作人员)档案、专业技术人员档案、职工档案、学生档案等；

(3) 按工作单位的稳定性与流动性，可分为工作单位固定人员档案和社会流动人员档案；

(4) 按是否在岗的情况，可分为在岗人员档案、待岗人员档案、离退休人员档案等；

(5) 按载体形式，可分为纸质人事档案、磁质(软盘)人事档案、光介质(CD/DVD)人事档案、数字人事档案等。

分类管理人事档案可以了解各类人事档案的特点，做好人事档案工作有利于建立个人信用体系。各级领导和国家公务员的档案由各级组织和人事部门按管理权限建立并管理，权威性和信任度很高；科技人员、一般员工的档案由用人单位建立并管理，多以本单位职工的考核、使用、薪酬和奖惩等为主要内容，可信度高；流动人员的档案由政府指定或认定的人力资源服务机构建立并管理，一般是可信的档案材料。随着人力资源市场的逐步成熟，单位和个人双向选择的余地日益扩大，人员流动越来越频繁，流动人员人事档案的管理也受到重视，人事档案的服务对象从单位扩大到社会。本书将在后续章节中重点介绍人事档案规范化管理的原则和方法，实操部分以人事档案的业务经办为主。

(四) 人事档案的作用

人事档案是人事管理实践活动的产物，服务于组织、人事(或人力资源管理)工作，服务相对人。它是人力资源管理工作的信息库和选用人才的渠道之一，是维护个人权益和福利的法律信证，直接关系到个人和单位的切身利益。

1. 考察和了解员工的重要手段

组织和人事工作的根本任务是知人善任、选贤举能。而要知人，就要全方位地了解人。了解的方法除直接考察该人员的现状外，还必须通过查阅人事档案来全面地、历史地了解其个人经历、社会关系、工作经历、成绩、特长、奖惩情况等。可以说，人事档案为开发人力资源、量才录用、选贤任能提供了重要的信息与数据。

2. 解决相对人个人问题的凭证

由于种种原因，在现实生活中，有关部门和人员有时会对员工形成错误的认识和做法，甚至造成冤假错案或历史遗留问题。作为相对人历史与现实的原始记录,人事档案为考查、了解和处理这些问题提供可靠的线索或凭证。

3. 维护个人权益和福利的法律信证

当今社会活动中,许多手续的办理都需要提供人事档案。

(1) 国有企事业单位在录用人才时需要人事档案作依据。这些单位在办理录用或拟调入人员手续时,必须有本人档案和调动审批表经主管部门审批,由组织和人事部门开具录用和调动通知才能办理正式手续。

(2) 社会流动人员工作变化时需要人事档案作依据。流动人员跳槽到非公有部门后,又要回到公有部门时,若没有原来的人事档案,工龄计算、福利待遇等都会受到影响。

(3) 社会保险工作中需要人事档案作依据。随着社会保险制度的建立和完善,在养老保险、医疗保险、生育保险、工伤保险、失业保险及退休后保险金的发放问题上,个人档案所记录的工龄、工资、待遇、职务、受保时间等都成为主要依据。如发生弃档或断档,相对人的社会保障福利将可能受到损失。

(4) 报考研究生、公务员和出国都需要人事档案。相对人在办理研究生、公务员的报考和录取以及出国人员的身份认定、政审等事宜时,必须出具记录个人经历、学历和成绩的人事档案材料或相关有效的证明。

(5) 职称评定、合同鉴证、身份认定、参加工作时间、离退休等都需要人事档案作信证。否则,将给相对人带来诸多不便,甚至使个人切身利益受到损害。

4. 人力资源开发、使用和预测的重要依据

人事档案能较为全面地准确反映一个人各方面的情况,因此,可以从人事档案中获得全国或某个地区、某个系统、某个单位的人力资源数量、文化程度、专业素质等方面的数据,利用相关数据进行科学地统计分析,探索出人力资源队伍的总体变化和规律,为人力资源的开发使用、合理预测和制定规划提供准确丰富的信息和依据。

5. 编写人物传记和专业史的宝贵材料

人事档案是组织和人事部门在考察和使用人的过程中形成的,其中还有相对人自述或填写的有关材料,内容真实,情节具体,时间准确。在研究党和国家人事工作、党史、军事史、地方史、思想史、专业史以及撰写名人传记等方面具有很高的史料价值,是印证历史的可靠材料。

四、延伸阅读

古代人事档案的演变史

我国人事档案自古有之,不断演变,内容丰富。人事档案源于人事管理活动,是当时选拔、任用、考核、控制文武百官的重要依据,也是后世研究政治、官制、司法、社会、人口等的重要史料。

殷商的甲骨刻辞中有殷官制的记载,在金文档案中还有商王对官员的册命、诰命、赏赐等记述。西周"荐书"、春秋战国时期的"计书"等都是当时重要的官员考核材料。

秦汉时期,中央实行"三公九卿制",官员任免权集于皇帝手中,形成了各种不同身份、不同爵位的官吏名籍和官籍。汉代统治者比较重视人才,认为"士者,国之重器;得士

则重,失士则轻"。在人才的选拔任用过程中形成了"令甲"、"功令状"、铁券、考课和画像等不同种类和内容的人事档案。汉高祖刘邦在起义时,对官兵将领建立个人册籍,将他们的表现和功绩记录下来,作为以后论功行赏的依据。个人档案的建立调动了官兵将领的积极性,对两汉的建立发挥了巨大的作用。刘邦即位后,在选拔人才时重视人的经历、德才,同时注意积累这方面的材料。凡备选的"贤士大夫"要署"行"(品行)、"义"(仪表)、"年"(年龄),详细登记选拔对象的个人经历、品行、年龄、相貌等相关材料并报送国府。这种登记了"行"、"义"、"年"的材料,是我国最早的人事档案。

魏晋南北朝时期,实行"九品中正制",门第成为每个人获得社会地位、权力的依据。谱牒作为门第血缘的文字凭证,成为维护士族特权的工具。当时,"官有簿状,家有谱系。官之选举,必由于簿状;家之婚姻,必由于谱系"。"有司选举,必稽谱牒"。人事档案的职能和作用在许多方面又被谱牒所代替,可以说是人事档案发展历程中的一段弯路。

唐朝在选官用人方面发展了隋的科举制度,并有一套新的制度和办法。入仕的官员都要将名籍、履历、考绩、授官、政绩等情况详细记录归档,以此作为铨选官员、确立官阶大小、俸禄多少的依据。这种档案叫甲历,也称官甲或甲敕。唐朝建有甲库,专门保管甲历,甲库配有专职管理人员——甲库令史,建立了甲历副本和分库保管的制度。其中规定的要对甲历"常加检点收拾"以及严格用印制度等做法,对现在的人事档案管理仍有重要的借鉴意义。

宋代皇帝设有"人才簿",作为选拔人才之用。宋代的人事档案主要有:一是家状材料:科举或保举首先要上家状,犹如今天的个人履历,有固定的格式;二是保举材料:高级官吏推荐可以为官的人,都要形成必要的文字材料以为证据,谓之举状;三是引见材料:即面呈皇帝的材料,同时皇帝要面试;四是磨勘材料:即考核材料,宋代设审官院、考课院掌握官员的考核。

元代在考核官员时建立了"考功历制度",即发给每级官吏印纸历子一卷。卷首写明姓名、出身,调动时由上级官吏注明任职时间,记载任期内功过情况,吏部根据"考功历"定优劣,决定任命。这种"考功历"与现在的履历表及干部档案有相似之处。

明代的人事档案称为"贴黄",即官员的履历表,是考核、任用、封赠官员的依据。贴黄分为吏部贴黄和兵部贴黄两种,它们随着官员职位的变动而相应地发生变化。

清代的官员档案材料主要有履历材料、考课材料、投供材料、给凭材料、奖励材料(称作功牌)、退休材料等。到了清末,照片已开始作为人事档案材料归档。宣统三年谕旨规定,凡内阁派遣官员,应一律废除以前所采用的填写履历、核对笔迹的办法,改用查对照片。人事档案的内容和制作材料有了新的发展。

来源:摘自中国档案资讯网。

<h3 style="text-align:center">现代人事档案的发展变迁</h3>

1940年7月,中央要求各中央局、省委、地县委和各部队政治部、组织部之下"设立健全而有能力之干部科",干部科的任务之一就是管理干部的表格、履历、证明书等人事

文件材料。实际上，早期干部档案几乎就是人事档案的代名词。一个月后，中共中央组织部又要求各地方、各部队将属于中央管理的干部的档案材料"陆续送交中央组织部汇存"。从此，无论是中央还是地方都普遍建立了干部档案，并形成按照干部管理权限向上级报送干部档案的制度。当时的人事档案，大小式样并不统一，项目也有多有少，主要涉及登记者的基本信息，以及对党、团与政治形势的看法等。据资料记载，当时的档案整理多采取按人集中，再将档案材料分成表格、考核、反省、自传、鉴定、信件等类别，每类材料按时间顺序排列，然后将一个人的材料用细绳或鞋带装订成册，放入档案袋中。"一般是一人一袋，材料多者，一人数袋，在档案袋上写姓名、编号，袋内有目录，登记每份文件的名称与内容。档案袋依干部的姓氏笔画排列，放置在木箱内。"至于档案的转移，则是"档随人走"，人到哪里，档案材料也由本人带到哪里。如果人事档案材料没有携带至新的单位，则无法分配到新的工作。

中华人民共和国成立后，人事档案工作进展缓慢，为改变档案残缺不全、材料贫乏的问题，组织人事部提出，应把整理和充实档案的工作放在重要位置，有计划地将所管职务名单内的干部档案全部收集齐全。"如遇档案或档案内容极不充实者，应从速收集或本人填写基本材料。"这一阶段，人事档案材料的收集范围也开始丰富起来，除了此前需要提供的基本信息、背景、出身等材料外，发明创造、学术著作、理论学习笔记、毕业证书等，都成为必须存档的材料。此外，对于人事档案材料的转递也有了新规定，例如，干部调动一般不自带档案材料，如必须自带时，须附转递档案材料信，将档案材料密封，并在介绍信上注明"携带有干部档案材料"。

1956年8月，第一次全国干部档案工作座谈会召开。制定了我国第一部全国性的干部档案工作法规——《干部档案管理工作暂行规定》，标志着我国人事档案工作开始向正规化方向迈进。1956—1966年，干部档案工作取得了巨大成绩，同时按照干部档案管理的办法先后建立了工人档案和学生档案。可惜的是，"文化大革命"期间，人事档案受到隐匿和销毁，大批工作人员被调离、撤换。

1980年2月，第二次全国干部档案工作座谈会召开。《关于加强干部档案工作的意见》《干部档案工作条例》《干部档案整理办法》等文件得以讨论和制定，并提出了今后的工作任务：收集和补充新材料，改变档案材料老、乱、散、缺现状；对干部档案普遍进行一次清理和整理；把必需的各种规章制度加以恢复、建立和健全起来，使干部档案工作有章可循、有法可依等。这期间，人事档案建设亮点不断，学历和专业培训材料，任免、工作待遇材料，出国工作、考察、学习材料等内容都写入了人事档案。

1990年12月，第三次全国干部档案工作座谈会召开。中组部、国家档案局修改了《干部档案工作条例》。该条例对干部档案工作的原则、要求、办法作了明确具体的规定，成为当时干部档案工作的根本法规性文件。会后十多年，人事档案工作形成一个较完整的体系，《关于干部档案材料收集、归档规定》《干部档案整理工作细则》等文件使干部人事档案工作有章可依，全面完成了清理和整理工作，并试行目标管理与考评。

2005年11月，第四次全国干部档案工作座谈会召开。会议提出，要以领导干部档案和公务员档案为重点，大力推进干部档案工作的创新，加强干部档案工作的制度化、规范化和信息化建设，充分发挥干部档案在公道正派选人用人上的重要作用。

2018年11月20日,中共中央办公厅印发了《干部人事档案工作条例》。该条例从体制机制、内容建设、日常管理、利用审核、纪律监督等方面全面从严加以规范,为新时代干部人事档案工作提供了基本遵循。针对干部人事档案效用发挥不足的问题,明确档案内容建设相关要求,设立专章规范档案利用要求、范围和程序,充分发挥档案的资政作用和凭证价值。为落实党中央从严管理干部的要求,该条例用严格制度和严明纪律规范档案"建、管、用"各个环节,坚持"凡提必审""凡进必审""凡转必审",新设专章明确档案工作纪律和监督要求,强化责任担当。

随着人力资源市场的逐步成熟,流动人员档案工作也逐渐开展起来。1996年,人事部出台了《流动人员人事档案管理暂行规定》,对流动人员人事档案管理机构、流动人员档案转递、收集整理和保管利用作了专门规定。2014年12月,中共中央组织部、人力资源社会保障部等五部门《关于进一步加强流动人员人事档案管理服务工作的通知》要求,将流动人员人事档案管理服务纳入基本公共服务范围,及时取消收取人事关系及档案保管费,做好档案接收、整理、保管、利用和转递工作,并指出"档案转递时,行政(工资)介绍信、转正定级表、调整改派手续等材料不再作为接收审核流动人员人事档案的必备材料",可探索建立诚信档案、业绩档案等。2016年5月,人力资源和社会保障部办公厅在《关于简化优化流动人员人事档案管理服务的通知》中提出取消办理转正定级手续、畅通转递渠道、规范收费行为等事项。

我国传统人事档案制度存在重政治轻能力、重历史轻现实、重身份轻契约、重凭证轻信用、重控制轻服务的问题,应借鉴发达国家的先进经验,重视人事档案的社会服务功能,加强信用档案建设。近年来,为适应人事档案数字化管理的发展方向和要求,采用计算机、扫描仪、数码相机等信息设备,对各类介质载体的档案内容进行数字信息转化,使其成为能被计算机识别的数字图像或数字文本,促进人事档案实现数字化管理。

来源:摘自安兆勇等,《人事档案管理实务》,中国电力出版社,2017年。

任务二 管理人事档案

一、任务要求

掌握人事档案管理的七大环节;知晓各环节的意义、地位及相互联系;明确规范化管理要求。

二、实训

(一)实训一

【实训名称】人事档案管理七环节"连连看"
【实训目的】掌握人事档案管理的七大环节及各自的地位和作用。
【实训步骤】
(1)给出人事档案管理的七个环节及一些描述性语句:

	化无序为有序
收集	化零散为系统
鉴别	化死材料为活信息
整理	化质杂为质优
保管	化分散为集中
利用	用数据说话
转递	防火、防盗、防潮、防蛀、防光、防高温
统计	档随人走

(2) 将对应的描述性语句与左边的环节连起来；

(3) 学生个别回答，教师点评。

【实训要求】

将反映不同环节特点或要求的描述性语句与左边对应的环节连起来，个别环节对应多个描述性语句；学生代表回答并加以解释。

(二) 实训二

【实训名称】案例分析

【实训目的】通过具体案例分析，熟悉人事档案管理机构设置和人事档案工作的主要内容及核心业务。

【实训步骤】

(1) 提出案例：某投资(集团)有限公司人事档案管理办法。

第一章 总 则

第一条　为了规范公司人事档案管理工作，特制定办法。

第二章 管 理 体 制

第二条　对具有人事调配权的公司，人事档案在公司人事部保存。

第三条　对无人事调配权的公司，可委托上级主管部门或母公司人事部门保存。

第四条　对无上级企业，可在当地人才交流中心设一专户保存公司人事档案。

第五条　对小型企业，员工个人将人事档案存放人才交流中心。

第六条　公司应设专人专职或兼职管理人事档案工作。

第三章 管 理 内 容

第七条　对员工人事档案的建档工作。

第八条　员工调入、调出时，人事档案的接收转递工作。

第九条　员工考核结果及奖励、惩罚决定存入人事档案。

第十条　对人事档案资料进行统计分析，合理调配使用人才。

第十一条　人事档案为密件，须合理存放；不得泄露秘密，未经审批，不得查阅。

第十二条　因各种特殊原因，如调入人原单位无正当理由不予调动、档案丢失或毁损等，公司按有关规定为其重新建立人事档案。

第四章 附 则

第十四条　本办法未尽事宜，参照公司《档案管理办法》执行。

第十五条　本办法由人力资源部解释、补充，经总经理批准颁行。

资料来源：陈琳，《档案管理技能训练》，机械工业出版社，2011年，第162页。

（2）思考及讨论：

① 根据案例中管理体制的几种情形，归纳人事档案管理机构有哪些？列举北京市（或当地）至少3家人事档案管理机构，并了解其主要业务内容。

② 根据案例中的管理内容，提炼人事档案管理工作的内容和要求。

③ 你认为该管理办法还有哪些地方需要补充？

（3）教师总结。

【实训要求】

能够有效地捕捉关键信息，正确理解案例，联系所学知识进一步掌握人事档案工作的主要内容和要求，并提出合理建议。

三、相关知识链接

（一）人事档案工作的内容和要求

人事档案管理在人事管理中具有结果性和前端性的双重属性。一方面，人事管理产生的结果在人事档案中予以记录和保存；另一方面，人事管理手段的实施要以人事档案的记录为基础信息和依据。可见，人事档案工作是人事管理工作的一个组成部分，起着重要的承上启下和信息支撑作用。同时，人事档案工作也是一项专门档案的管理工作，有特殊的管理内容和要求。

1. 人事档案工作的内容

目前，我国人事档案工作的组织体系是：各级组织、人事、劳资部门同时又是人事档案管理部门，按照统一领导、分级管理的原则，对人事档案实施具体的管理。例如，一个公司的人力资源部既从事人事管理工作，又管理人事档案。人事档案工作的内容主要有：

（1）登记人员变动和工资变动情况；

（2）收集、鉴别和整理人事档案材料，充实人事档案的内容，为单位人力资源开发、使用和管理提供依据，为国家积累档案史料；

（3）保管人事档案，保证人事档案的完整与安全；

（4）提供人事档案利用服务和咨询工作；

（5）做好人事档案的接收和传递，确保人档统一；

（6）定期向档案室（馆）移交死亡人员档案。

2. 人事档案工作的要求

人事档案的管理在总体上要贯彻档案工作的基本原则，并有如下具体要求：

（1）根据人事管理的权限，集中统一管理人事档案。我国的人事档案实行集中统一、分级管理制，即一个单位的人事档案管理部门必须将属于本单位管理的人员的人事档案全部集中起来，按照有关规定统一管理。单位人事部门和其他部门形成的人事档案，都要交由本单位人事档案管理部门集中进行鉴别、立卷等工作。根据这一原则，不允许将在一级人事管理权限内的人事档案分若干处保存，也不允许非组织和人事部门或非档案管理部门管理人事档案，任何个人都不得私自保存人事档案。

（2）维护人事档案的真实、完整与安全。人事档案管理部门在收集、鉴别人事档案时，应认真执行有关规定，严格把关，保证归档材料的真实、完整；在管理中必须执行党和国家的保密制度；同时加强技术保护，防止人为和自然因素对人事档案的损坏，确保人事档案的安全和完整。

（3）便于人事工作和其他有关工作的利用。人事档案管理工作的目的是为单位人力资源开发和管理服务，以充分地调动干部、职工的积极性，这可以看作是人事档案工作的基本指导思想。为此，人事档案管理工作应以本单位的发展目标和工作需要为中心，积极配合做好各项工作。

(二) 人事档案工作的七大环节

人事档案工作包括人事档案的收集归档、鉴别、整理、保管、利用、转递、登记和统计七大环节。

1. 人事档案的收集归档

人事档案材料的收集是人事档案工作的起点，也是人事档案工作的前提和基础，它解决了材料分散形成和人事档案集中使用的矛盾。

根据档案管理规定，人事档案管理人员应通过相关部门或相对人收集入档材料，并及时归档。在人事档案管理过程中，应及时地将员工的继续教育、培训情况、绩效考核情况等信息资料加入到人事档案中，并不断地完善和补充，做好零散材料的收集归档工作。同时，要建立和健全归档制度、移交制度、联系沟通制度、检查核对制度等。

2. 人事档案的鉴别

人事档案的鉴别是指按照一定的原则和方法，对收集的档案材料进行审查和甄别其真伪，判断其有无保存价值，确定其是否归入人事档案的工作。人事档案材料必须经过认真鉴别，符合真实准确、齐全完整、规范精炼、观点鲜明、办理完毕、手续完备等要求，确实是属于本人的、属于人事档案的且符合归档条件的材料；对于不符合归档要求的材料，可选择转出、退回、留存或销毁等相应的处理方式。

3. 人事档案的整理

人事档案的整理是指依据一定的原则、方法和程序，对收集起来并经鉴别的人事档案材料，以个人为立卷单位，进行分类、排列、编目、复制加工和装订等，使之条理化、系统化的过程。整理人事档案要做到分类明确、编排有序、目录清楚、装订整齐，通过整理的档案应该完整、真实、条理、精炼和实用。

4. 人事档案的保管

人事档案的保管是指根据档案材料的成分、状况而采取的存放、安全保护措施，包括日常管理、流动中保护、专门保护等。人事档案保管的意义在于维护人事档案材料的完整和有序，防止人事档案材料自然或人为地损坏，延长人事档案的寿命。人事档案的保管要做到"六防"，即防火、防潮、防蛀、防盗、防光、防高温。

5. 人事档案的利用

人事档案的利用是指根据有关规定和原则，为人事工作和其他工作以提供人事档案内容中有关情况和材料为方式的一种服务工作。人事档案的利用在整个人事档案管理工作中处于主导地位，是人事档案管理中最有活力的环节，是人事档案工作成果的集中反映。收为用，整为用，管为用，人事档案的一切工作都是为了利用。

常见的利用服务方式有查阅、外借、出具证明等。根据有关部门的规定，凡因入党、入团、升学、参军、提干、招工、出国等进行政治审查，需要了解其父母或亲属情况的，一般不能查阅人事档案，只能由人事档案部门按上述文件规定的内容，写出有关情况的证明材料。复制人事档案材料是出具证明材料的另一种形式。一般只限于为审理条件、出国和留学等提供所必需的证件材料。

6. 人事档案的接收和转递

人事档案的接收和转递可以保证人事档案及时地为人事工作提供服务，实现"档随人走"和"人档统一"，是丰富和充实人事档案内容、维护人事档案完整性和真实性的必要手段。人事档案在转递过程中，应遵循及时、准确、安全和完整的原则。

7. 人事档案的登记和统计

人事档案登记包括人事档案状况登记和人事档案工作登记两个方面，属于工作记录性登记。人事档案登记所形成的记录直接反映了人事档案状况和人事档案管理状况，可以作为人事档案统计的基础数据。除了专门设计的统计调查项目外，大量的原始数据都是从各种各样的登记材料中获得的。

人事档案统计就是运用一系列专门的统计方法和技术，对人事档案工作领域中的诸种现象、状态和趋势等进行量的描述与分析，为工作决策提供坚实可靠的数据支持，为组织和人事工作服务。人事档案统计是了解、认识和掌握人事档案工作总体情况的一种方法和手段。如果没有对人事档案工作及其发展情况的掌握，没有对这一基本情况的综合分析，就不可能正确指导当前的人事档案工作，就不可能实现人事档案的科学化、规范化管理。

四、延伸阅读

SH集团公司人事档案管理办法

为了加强公司人事档案管理工作，提高人事档案管理水平，促进人事档案管理的规范化、制度化，根据国家和SH集团的有关规定，结合公司实际情况，制定本办法。

第一条　人事档案管理权限及职责

公司人事档案按照人事管理权限实行集中管理。

（一）公司人力资源部依据此规定管理公司人事档案，并配备政治上可靠、责任心强的中共党员作为专职或兼职档案管理人员。

（二）档案管理员及其直系亲属的档案，由上一级档案管理人员（或分管领导）负责保管。

第二条　人事档案管理职责

（一）保管人事档案；

（二）收集、鉴别和整理人事档案材料；

（三）建立人事档案名册，办理人事档案的查阅、接收和转递；

（四）登记人员职务、工资的变动情况；

（五）档案管理人员岗位变动时，应及时对所管档案进行清点，并履行交接手续；

（六）为有关部门提供人员情况；

（七）做好人事档案的安全、保密、保护工作；

（八）办理其他有关事项。

第三条　人事档案的整理

整理人事档案须做到认真鉴别、分类准确、编排有序、目录详细、装订整齐、格式统一。

（一）人事档案材料的分类整理。

1. 履历材料；

2. 自传材料；

3. 鉴定、考核、考察材料（包括各种考核、考察、述职、鉴定材料）；

4. 学历和评聘专业技术职务材料（包括学历、学位、学绩、培训结业成绩表和评聘专业技术职务、考绩、审批材料）、职业技能鉴定材料；

5. 政治、历史情况的审查材料（包括甄别、复查材料和依据材料、党籍、参加工作时间等问题的审查材料）；

6. 参加中国共产党、共青团、民主党派的材料；

7. 奖励材料（包括授予各种荣誉称号、立功嘉奖、先进人物登记表、模范事迹材料以及科技、业务工作等方面的奖励材料）；

8. 处分材料（包括甄别、复查等材料、免予处分的处理意见、违法犯罪判决书等）；

9. 工资、录用、任免（聘用）、转业、待遇、出国、退（离）休、退职材料及各种代表会代表登记表等材料；

10. 其他可供组织上参考的材料。

（二）按照上述十个类别的顺序排列，人事档案材料应符合的要求。

1. 第一类至第四类、第七类、第十类材料，同一问题按形成时间的先后顺序集中排列，以最后时间为准。

2. 第五类和第八类材料，同一问题材料集中后，按材料的主次关系排列，具体顺序是：上级批复、结论或处分决定；本人对结论的意见；调查报告、证明材料、本人检讨、交代材料。

3. 第六类材料，按以下顺序排列：入团志愿书、入团申请书、离退团材料，入党志愿书、入党申请书、转正申请书、党员登记表，加入其他党派材料。

4. 第九类材料，按所列材料的性质不同排列，每一种材料再按时间先后顺序排列（如工资、任免等）。

（三）人事档案材料页码的编写要求。

1. 对每份材料逐页分别编写页码，页码用铅笔标注在档案材料的右下角（双面书写的材料，其背面页码标注在左下角），档案材料目录不编页码。

2. 每份材料的编号由材料的类别号、份次号组成，用铅笔标注在每一份材料的右上角，中间用短横线连接。例如，编号为3-1是指第三类的第一份材料。

（四）人事档案目录的编排。

1. 类号。标明本类档案材料的类别，根据档案种类材料的多少，每页档案目录可放两类或三类，由上而下排列。

2. 材料名称。指档案材料的标题，档案材料没有标题的，应当依据材料内容拟写标题；原有标题太长的，应适当压缩。

3. 材料制成时间。填写档案材料形成的年、月、日，用阿拉伯数字标注。

4. 页数。填写每份档案材料的页数。

5. 书写目录要工整、正确、美观，不得使用圆珠笔、铅笔、红色及纯蓝墨水书写。

6. 书写目录时，每类目录之后须留出适当的空格。

职务变动登记表。根据任免呈报表的变动情况，按变动时间顺序逐年填写，排放在档案目录后面。

工资变动登记表。根据工资变动情况,按变动时间顺序逐年填写,排放在人事档案第九类前面。

(五)人事档案的装订立卷。

1. 拆除档案材料上的金属品,按照排好的顺序打孔,连同档案目录装订成卷。
2. 将装订成卷的人事档案放入相应的档案盒,并在档案盒上标明编号、姓名。

(六)人事档案的补充。

1. 人事档案要及时整理,对于工作中形成的需要归档的材料,应逐份插入相应类别,逐页标注页码,及时分类填写档案材料目录。
2. 职务、工资有变动时,应依次填写变动登记表。
3. 中层以上管理人员的人事档案归档材料,须由公司组织、人事部门提供并审核后,方可归档。
4. 基层管理人员人事档案的归档材料,须由所在单位组织、人事(劳资)部门提供并审核后,方可归档。
5. 专业技术人员的学历认定、职称晋升等材料,须由公司组织、人事部门提供并审核后,方可归档。

第四条 人事档案的保管

(一)根据安全、保密、便于查找的原则要求,对人事档案应严格、科学地保管。

(二)人事档案保管应设专门的档案库房,配备档案柜,房内应备有防火、防盗、防光、防高温等安全防护措施,要保持库房的清洁和适宜的温湿度(温度在14℃—24℃,相对湿度在45%—64%),并经常进行检查。

(三)人事档案的保管必须建立登记制度,并定期进行核对,如果发现问题,须及时解决。

(四)档案库房的钥匙不得随身携带,档案柜平时要锁好并保管好钥匙。

(五)严禁任何个人私自保存和复制人事档案。

第五条 人事档案的查阅须遵守下列规定

(一)查阅人事档案必须是工作需要并与其所从事业务相符,并按人事管理权限征得有关部门领导同意后方可查阅。

(二)查阅公司中层管理人员的人事档案,须经人力资源部领导同意后,方可查阅。

(三)人事档案只限在档案库房查阅,一般不得借出。如有特殊情况需要借出的,须按人事管理权限征得有关部门的领导批准。

(四)查阅档案人员要爱护档案,切实维护档案的完整与安全,不得私自将档案卷折叠、拆卸调换、涂改、划道、复制,更不得遗失。

(五)查阅档案人员要遵守有关保密工作规定,不得随意将档案内容向无关人员泄露。如违反规定造成不良影响的,应承担相关责任。

(六)因工作需要从人事档案中取证的,须经主管领导审查批准后,才能复制有关档案材料。

(七)对利用信函了解档案有关内容的,经主管领导批准后,只能提供与信函有关的项目。

（八）任何个人不得查阅或借阅本人及亲属的档案。

第六条　人事档案的转递

（一）因工作调动、职务变化、退休等需将人事档案转给新的主管单位时，应及时办理档案移交手续。严格转递手续，以保证人事档案的绝对安全。

（二）转出人事档案，要认真对其清理并整理，填写转递通知单，注明转出时间和原因，在名册上注销。

（三）转出的人事档案均应包装密封，贴好封条并按管理权限加盖部门印章。

（四）转递人事档案，不得以平信、挂号、包裹等公开邮寄，必须通过机要交通转递或由组织指定专人递送，不准本人自带。

（五）对转出的人事档案，不得扣留或分批转出。对转出的人事档案，超过一个月未收到回执，应及时催问。

（六）接收转入的档案要核对是否是本单位所属人员档案，认真核对档案材料数量，确认无误后，将转入的档案详细登记，在转递通知单回执上盖章，将回执及时退回寄出单位。

第七条　人事档案的统计

人事档案要定期进行统计，确保所管理的档案与所管人数相符。人员调动、离退休、死亡后，应及时进行分类保管，随时做好接收、转出变动情况的登记以及档案数字统计。

第八条　档案材料的销毁

（一）经鉴别属于重复或不应归档的材料，要进行清退或销毁。销毁材料要进行登记，并经分管领导批准签字后进行。

（二）销毁档案材料必须到保密部门指定的场所进行，其中要有两名正式党员负责监销。

第九条　本办法的解释权属公司人力资源部。

资料来源：《集团人事档案管理办法》，http://wenku.baidu.com/link?url＝BH2oZEmz0ev6cJ5HzArrNKTekASDzuNIwZoDbU5aBYnqtbLQiYcqMD2F_GK__T0EmNDsLYYNgQgS05ZX-mMUK8CfeaYF0z7BomvBpnQUilC。

任务三　了解人事档案工作人员

一、任务要求

了解人事档案工作人员的工作性质和实际工作环境，明确人事档案工作人员应具备的职业素养、主要工作内容和岗位职责。

二、实训

（一）实训一

【实训名称】实地观摩

【实训目的】了解人事档案工作人员的实际工作环境、工作内容及主要职责。

【实训步骤】

(1) 全班5—7人一组,分为若干小组。

(2) 以小组为单位,选择一家人事档案管理机构进行实地观摩,观察其工作环境,主要设备及布局;尽可能地了解人事档案管理机构的岗位设置、业务内容和工作流程,收集相关的宣传材料或业务表单。

(3) 如有机会,走访人事档案工作人员,深入了解其工作内容、主要职责及工作感言等,以"人事档案工作人员的一天"为主题完成一篇报告。

(4) 以书面形式提交调查报告。

(二) 实训二

【实训名称】应聘人事档案工作人员

【实训目的】了解人事档案工作人员的主要职责和任职要求。

【实训步骤】

(1) 全班5—7人一组,分为若干小组;

(2) 以小组为单位,自行搜集有关人事档案工作人员的招聘信息或工作说明书;

(3) 以个人为单位,撰写真实的个人简历,以应聘人事档案工作人员;

(4) 以书面形式提交个人简历。

【实训要求】

步骤2要求学生搜集人事档案工作人员的招聘信息或工作说明书(如表1-2和表1-3),旨在帮助学生了解人事档案工作人员的工作内容、岗位职责及任职要求;步骤3为个人任务,每个学生根据自己的实际情况,撰写真实的个人简历,要求列出本人从事人事档案工作的优势及不足,并制定紧急重要任务安排图(即四象限图,将你需要做的准备工作按紧急和重要两个不同的程度划分,分别归入四个象限:既紧急又重要、重要但不紧急、既不紧急也不重要、紧急但不重要。)

表1-2 人事档案管理员招聘信息

公司名称	中盛融安人力资源服务(北京)有限公司
岗位名称	人事档案管理员
岗位职责	(1) 执行档案资料保密工作,严格遵守档案资料的保密制度; (2) 负责人事档案入库,对档案进行分类、排序、编目、修订; (3) 办理档案借阅登记手续,检查到期归还的资料是否完整无缺,发现问题及时报告和处理; (4) 按有关规定对档案进行例行的保养、管理或销毁。
任职要求	(1) 档案管理或相关专业者优先,大专以上学历; (2) 具有人事档案管理一年以上工作经验; (3) 熟悉档案管理办法,掌握计算机档案管理信息系统; (4) 严谨、有责任心,有团队合作精神,工作认真负责、细致认真,保密性强; (5) 熟练使用办公软件。
薪酬待遇	4.5—6K/月

资料来源:https://jobs.51job.com/beijing-hdq/106876729.html?s=04

表 1-3 人才服务岗(干部人事档案管理)招聘信息

公司名称	中国大地财产保险股份有限公司后援支持中心
岗位名称	人才服务岗(干部人事档案管理)
岗位职责	(1) 负责干部人事档案的建立、接收、保管、转递,档案材料的收集、鉴别、整理、归档,档案信息化等日常管理工作; (2) 负责干部人事档案的查(借)阅、档案信息研究等利用工作,组织开展干部人事档案审核工作; (3) 根据工作需要,持续完善档案规章制度和工作机制,指导和监督检查下级单位干部人事档案工作; (4) 开展人事档案数字化工作,应用人事档案现代化管理技术; (5) 为有关部门提供员工的情况; (6) 负责办理非上海户籍员工上海市常住户口、居住证积分新办、续办变更;负责办理员工退休手续及工龄认定。
任职要求	(1) 中共党员,具有一定的政治素养,作风正派; (2) 大学专科及以上学历,具备3年及以上人事档案管理工作经验,熟练掌握《干部人事档案工作条例》等档案管理相关法规、流程,在人事档案整理、查缺、干部专审、认定方面有丰富的实操经验;同时具有办理落户、居住证积分、退休等相关经验的优先考虑; (3) 优秀的亲和力和责任心,具有主动沟通的意识和技巧; (4) 注重细节,有责任心、认真踏实,学习能力强。
薪酬待遇	0.8—1万/月

资料来源:https://jobs.51job.com/shanghai/108208125.html?s=05&t=2

三、相关知识链接

(一) 人事档案工作的性质

全面、正确地认识和掌握人事档案工作的性质,是人事档案工作人员做好本职工作的基础。人事档案工作的性质主要表现在专业性、依附性、政治性、保密性、管理性和服务性等方面。

1. 专业性

人事档案属于一种专门档案,人事档案工作就是管理这一专门档案。因此,人事档案工作的专业性强,应具有专门的业务理论知识、独立的体系和客观规律。人事档案工作必须遵循人事档案的形成规律和一定的科学原则,依据专门的法规、方法和程序,由专门的管理人员负责完成。无论在理论上、实践上、组织上,人事档案工作都自成体系而独立存在,没有任何工作可以代替它。

2. 依附性

人事档案工作具有双重依附性,既属于人事工作的一部分,又属于档案工作的一部分。一方面,人事档案工作是为适应组织、人事工作的需要而产生、存在和发展的。人事工作中产生的大量人事档案必须进行收集、整理和管理,以适应组织、人事工作的需要,这就形成人事档案工作,并构成人事档案工作的内容和范围。人事档案工作从属于组织、人事工作,是组织、人事工作的重要组成部分,因此,人事档案工作应与组织、人事工作的政策、法规相结合,与组织、人事工作同步一致。另一方面,人事档案工作又是档案工作的重要内容之一,人事档案与其他档案同属于档案范畴,是国家档案资源的组成部分,明确人事档案工作与档案工作的关系,对做好人事档案工作具有重要意义。

3. 政治性

人事档案工作的政治性首先表现在它与党的方针、政策、政治路线有密切联系,人事工作是为党和国家政治路线和经济建设服务的。党的政治路线是通过组织路线、人事工作来实现的,人事档案工作做得好坏,直接关系到组织、人事工作的开展,影响到组织、人事政策的贯彻落实,影响到干部路线、人才选拔使用等工作的开展。人事档案工作的政治性还表现在人事档案工作本身是一项政策性很强的工作,人事档案是了解人、使用人的重要依据,人事档案的收集、整理和利用等工作,都涉及党和国家人事政策和人事制度改革,关系到对人的看法、对人的使用,直接关系到人的工作与生活,如果人事档案工作做得好,充分体现与落实党的政治路线、组织路线和人事政策,就能调动人的积极性;反之,则会挫伤积极性,影响党和国家政治路线改革的贯彻执行。

4. 保密性

人事档案工作的保密性是由人事档案的机密性决定的。人事档案工作应坚持保密原则,遵守保密制度,保证人事档案机密的绝对安全。当然,人事档案的机密性具有一定的时空性,即在一定的时间和范围内需要保密,但它并不是一成不变的,也不是绝对的。因此,妥善处理好保密与利用之间的关系,过了保密期限或不需要保密的人事档案应积极有效利用。

5. 管理性

人事档案工作有独特的管理对象,即人事档案。人事档案工作的任务就是集中统一管理人事档案,为组织、人事工作服务。人事档案工作并不是随意的、无规可循的简单劳动,也不仅仅是收发取放和装订整理的纯事务性工作,而是需要一套科学理论、原则和方法进行的工作。人事档案的收集、鉴别、整理、保管、利用、转递和统计等工作环节都涉及科学理论和管理方法,只有系统地掌握这些理论和方法,方能做到人事档案的科学化、规范化管理。

6. 服务性

人事档案的服务性是人事档案赖以生存和发展的基础,是人事档案工作的出发点和根本目的。人事档案工作的服务性表现在它是为党和国家人事工作及其他工作服务的,是通过提供档案材料为制定政策、发布命令、录用选拔人才等工作服务的。充分认识到人事档案工作的服务性,树立正确的服务思想,明确服务方向,提高服务质量,是做好人事档案工作的基本条件。

(二)人事档案工作人员应具备的素质

人事档案工作是一项政治性、专业性很强的工作,尤其是在人员流动频繁的情况下,人事档案查阅利用需求更多、更广,人事档案的服务性更加突出。这就要求人事档案工作人员不仅要具备较好的政治素质，还应具有过硬的业务水平，努力提高服务质量。

1. 政治素质

热爱档案事业，勤奋工作，熟悉国家政策、法律法规和规章制度，坚持原则，保守机密。

2. 专业素质

人事档案工作人员应经过严格的专业培训，并不断提高业务能力。不仅要熟悉本单位的人员结构、素质特长、历史背景及现实表现，还要懂档案专业知识，熟悉人事档案工作的政策、法律法规和规章制度，掌握人事档案工作的一般规律。只有具备扎实的专业知识和过硬的业务技能，方能灵活运用，妥善解决人事档案工作中的实际问题。

3. 相关素质

广泛了解人事档案工作的相关知识，努力提高人事、历史和现代化管理等知识水平和开拓创新能力。例如，学会运用计算机输入、存储、加工、传递档案信息，应用多媒体技术、网络技术等一系列现代化管理手段，才能及时有效地在更大范围内为开发人才提供科学、全面、及时的服务，使人事档案管理部门真正成为"开发人才的参谋部"。

（三）人事档案工作人员的岗位职责

（1）严格遵守《中华人民共和国档案法》《干部人事档案工作条例》等法律规定和保密制度，做好人事档案的安全、保密、保护工作。

（2）收集、鉴别和整理人事档案材料。

（3）保管人事档案，为人事工作提供优质服务。

（4）按相关规定为有关部门提供员工的档案信息，办理查阅、借阅等利用业务。

（5）做好人事档案的接收和转递工作，确保人档统一。

（6）能对人事档案状况和工作状况进行登记和统计，通过调查研究，制定相应的规章制度，推进人事档案工作的现代化、规范化和信息化。

任务四　综　合　实　训

一、任务要求

通过填写表格回顾本项目的学习内容和技能。

二、实训

【实训名称】回顾本项目学习的收获。

【实训目的】系统回顾课堂知识，加深印象；培养学生勤于思考和总结的习惯。

【实训内容】认真填写下列表格。

回顾本项目学习的收获				
项目名称				
学号姓名		训练地点		训练时间
我从本项目学到的三种知识或者技能					
完成本项目过程中给我印象最深的两件事情					
一种我想继续学习的知识或者技能					
考核标准	(1) 课堂知识回顾完整,能用自己的语言复述课堂内容; (2) 记录内容和课堂讲授相关度较高; (3) 学生进行了认真思考。				
教师评价			成绩	

【实训要求】

(1) 仔细回想本项目所学内容,若有不清楚的地方,查看相关知识链接。

(2) 本部分内容以自己填写为主,不需过于注意语言的规范性,只要能分条说清楚即可。

项目二

人事档案的收集

教学目标

知识目标

1. 了解人事档案收集工作的地位和意义；
2. 掌握人事档案材料收集的范围及其来源和形成规律；
3. 掌握人事档案收集工作的方法和要求；
4. 熟悉人事档案收集工作的相关法律规定。

能力目标

1. 通过人事档案托管和收集归档业务的技能训练，培养学生收集人事档案材料的能力；
2. 通过人事档案收集工作制度的拟写，加强收集工作的规范性，提高学生的文字表达能力；
3. 明确人事档案工作者在收集工作中的职责和要求。

案例导入

高校学生档案管理办法（节选）

学生档案是学生在校期间形成的，记述和反映学生个人学习经历、思想品德、专业技能、身体状况、诚信状况、家庭政治及经济状况等方面的历史记录。学生档案是学校考察、培养、教育学生过程中形成的第一手资料，也是用人单位全面了解和选拔使用人才的重要依据。

学校档案馆设专人负责学生档案管理工作，其工作内容包括：负责接收、鉴别学生档案材料;办理学生档案的查阅、借阅和转递;提供个人档案中有相关记载的学生情况证明;做好学生档案的安全、保密和保护工作;办理其他有关事项。

各学院、有关职能部门应做好如下工作:第一,教务处、研究生院及时向档案馆提交新生数据库,以便对学生档案进行接收、核对和编号;第二,各学院及相关职能部门按照要求做好新生档案、平时归档材料和毕业生档案的收集、整理和移交工作;尤其要注意新生高中档案、高考材料、研究生入学考试材料以及在校期间产生的学生成绩单、学位、学籍材料、校级以上奖惩材料、加入党团组织材料、体检表、学生出国等材料的收集和移交;各学院应制定负责人分管学生档案工作,并确定具体承担学生档案材料收集和移交工作的兼职档案员一名;第三,就业指导中心需及时向档案馆提交学生就业去向数据库、派遣名单和就业通知书,以便及时转递学生档案。

一、归档范围

学生在高中阶段、本科生、硕士和博士研究生阶段形成的档案材料分别有:

1. 高中阶段

高中毕业生登记表,高中毕业会考成绩登记表,体育合格情况登记表,中学生社会实践活动登记表,校级及以上奖、惩材料,高等学校招生考生报名登记表,高等学校考生志愿表,高等学校招生全国统一考试成绩,高等学校招生考生体格检查表,学生加入党、团组织材料等。

2. 本科阶段

学生登记表,学生学籍变动、转专业材料,校级及以上奖、惩材料,学生加入党、团组织材料(入团材料:入团志愿书、入团申请书、政审材料等,入党材料:入党志愿书、入党申请书、思想汇报(1—2份)及积极分子材料、政审材料、自传、预备党员考察表、转正申请书等。(注:预备党员材料暂由各学院保管,待转正后或学生毕业前转交档案馆),毕业生档案材料(高校毕业生登记表,授予学士学位证明书,授予双学士学位证明书,成绩登记表,毕业生就业通知书等)。

3. 硕士阶段

攻读硕士学位研究生报名登记表,入学考试各科成绩表,研究生推免生登记表,研究生登记表,硕士研究生加入党组织材料,授予硕士学位决议书,毕业研究生登记表,硕士研究生学习成绩单,毕业研究生就业通知书等,校级及以上奖惩材料等。

4. 博士阶段

报考攻读博士学位研究生登记表,入学考试各科成绩表,博士研究生登记表,报考攻读博士学位研究生思想政治情况表,专家推荐书(两封),硕士研究生提前攻读博士学位申请表,硕博连读(直博生)转博资格考核表,博士研究生加入党组织材料,博士研究生学习成绩表,毕业研究生登记表,授予博士学位决定,毕业研究生就业通知书,校级以上各种奖惩材料等。

5. 其他应归档材料

更改姓名、民族、出生日期、入党和入团时间等材料,包括个人申请、所依据的证明材料及上级批复等材料，出国材料（包括出国申请审批表等），助学贷款材料（包括还款确认书等），健康材料（包括入学体检表、有关残疾证明材料），学生在校期间形成的其他有保存价值的材料。

二、档案材料的归档要求

档案材料归档时有以下六个要求：

（1）归档材料必须是办理完毕的正式材料。材料必须完整、齐全、真实，文字清楚、对象明确，有承办单位或个人署名，有形成材料的日期。

（2）归档的材料凡规定需由组织审查盖章的，必须有组织盖章；凡规定要同本人见面的材料（如审查结论、复查结论、处分决定或意见、组织鉴定等），应有本人的签字，特殊情况本人见面后未签字的，可由组织注明。

（3）档案材料须用国际标准A4型（长297毫米，宽210毫米）的公文用纸，填写时只能用碳素墨水或蓝黑墨水书写，不得使用圆珠笔、铅笔、红色墨水、纯蓝墨水书写。

（4）归档材料应是原件，特殊情况存入复印件的，应在复印件上注明原件保管单位，并加盖公章。

（5）归档材料必须注明学生姓名及学号，并按照学号的顺序先后排放。

（6）档案馆对不符合归档要求的学生档案材料，有责任和权力对归档单位提出要求，予以改正后再归档。

三、档案移交和档案材料归档时间

关于新生、毕业生的档案移交和在校期间形成档案材料的归档时间及要求如下：

（1）本科新生人事档案均由各学院在开学后一个月内收集齐全，编学号并形成《新生档案移交清单》（一式两份），于第一学期结束之前向档案馆移交。硕士和博士新生人事档案材料由档案馆直接收集，按学号顺序进行排放、管理。

（2）档案馆负责新生档案的审核工作，若发现材料缺失的，通知新生所在学院负责追缴。

（3）本科生在校期间形成的各类学生人事档案材料，根据工作完成并已形成材料的情况随时归档，以保证档案材料的完整及学生毕业后档案能够及时转递（预备党员材料存放在各学院分党委，待转正后归档）。

（4）各学院、研究生院应将毕业生的个人档案材料集中在一起，并按照学号的先后顺序排放。

（5）对移交档案馆的材料要形成《毕业生归档材料移交清单》，清单上要注明移交材料的具体名称。移交清单一式两份，档案馆审核后双方签字，各留存一份备查。

（6）为保证在毕业生离校后两周内将档案转给用人单位，学生毕业前大批量转递档案材料时，各学院、研究生院有责任协助档案馆将毕业生档案材料按要求归入学生人事档案中。

资料来源：《中国农业大学学生档案管理暂行办法》，http://archives.cau.edu.cn/art/2011/11/2/art_47_13425.html

思考：(1) 学生档案的归档范围、归档时间和归档要求有哪些？
(2) 学生档案管理部门应与哪些材料形成部门建立联系？
(3) 如何做好学生档案收集工作？

任务一 人事档案收集的理论基础

一、任务要求

了解人事档案收集工作的地位和意义；通过法规阅读、小组讨论和工作制度拟写，掌握人事档案材料收集的范围及其来源和形成规律、收集工作的要求和方法。

二、实训

(一) 实训一

【实训名称】"去哪儿"收集人事档案材料

【实训目的】明确人事档案材料收集的范围，并寻找其形成规律和收集渠道。

【实训步骤】

(1) 认真阅读附录8《干部人事档案材料收集归档规定》（中组发〔2009〕12号），明确人事档案材料收集的范围；

(2) 5—7人一组，根据人事档案材料收集的范围，逐个讨论法规中提及材料的形成部门及时间，探索其形成规律，确定收集渠道；

(3) 每组派代表在全班作总结发言。

【实训要求】

步骤1可以要求学生自行上网搜索相关法规，注意法规的时效性。通过认真阅读2009年中共中央组织部颁发的最新法规，查找有关收集范围的条款；步骤2为小组任务，要求组长做好分工，共同讨论法规中提及材料的形成部门及形成时间，明确收集渠道和关键时间点；步骤3要求经过讨论，总结归纳人事档案材料的形成规律及主要收集渠道。

(二) 实训二

【实训名称】拟写收集工作制度

【实训目的】通过收集工作制度的拟写，加强收集工作的规范性。

【实训步骤】

(1) 5—7人一组，成立虚拟单位；

(2) 讨论制定本单位人事档案收集工作制度；

(3) 每组派代表在全班宣读本单位制定的收集工作制度。

【实训要求】

步骤1要求成立虚拟单位，可以是党政机关、企事业单位或人力资源服务机构；步骤2经过小组成员讨论制定的人事档案收集工作制度，应符合国家和地方政策法律规定，结构完整,条理清晰。

三、相关知识链接

（一）收集工作的地位及意义、分类

1. 收集工作在人事档案工作中的地位

所谓收集工作,就是将有关个人的、分散的人事档案材料集中起来的工作。人事档案不是由人事档案部门自行产生的,也不是由人事档案工作者自己编写的,而是由人事档案部门通过各种渠道将所管人员历史上形成的和新近产生的人事档案材料收集起来整理而成的。

人事档案材料的收集是取得和积累分散的人事档案材料的一种手段。收集工作既是人事档案工作的起点,又是贯穿于人事档案工作始终的一项经常性工作,在人事档案工作中具有重要的地位和作用。

（1）收集是人事档案工作的基础。收集工作是人事档案工作的基础和首要环节,为整个人事档案管理和建设提供客观的物质对象。没有收集工作,人事档案工作就是无米之炊、无源之水、无本之木。人事档案的整理、保管和利用都是在收集的基础上进行的。收集工作质量的好坏直接影响到人事档案工作的其他环节。如果材料收集不完整、有头无尾或者有尾无头,只是一些零散杂乱、价值不大的材料,就会给鉴别和整理带来很大困难,有的甚至需返工重整;如果一个人的档案分散在不同地方,就无法集中统一地进行保管;如果材料收集残缺不全,同样会给查阅档案、提供证明等情况造成不便,影响利用工作任务的完成。

（2）收集是人事档案发挥作用的前提。人事档案发挥作用的首要条件是人事档案材料收集得齐全完整、内容充实,能全面真实地反映一个人的历史和现实全貌。做到"档如其人""档即其人",横观人事档案材料,是一个人从事某项工作或某一阶段方方面面的真实记录;纵观人事档案材料,是对一个人一生经历和表现的全面记载。只有这样,人事档案才能为组织、人事部门更好地了解和使用人提供信息和依据,为相对人维护个人权益和福利提供法律信证,为编写人物传记和专业史提供丰富的宝贵材料。反之,如果人事档案材料散存于形成单位或个人手中,必然造成人事档案信息的残缺和中断,无法如实地反映一个人的本来面目。当组织需要查考时产生无档可查、或查了也不能解决问题的现象,影响组织对人才的正确评价和使用,甚至可能导致错用人或埋没人,使个人的职业发展和应有福利受到损失。

（3）收集是实现人事档案集中统一管理的基本途径。人事档案材料来源的分散性及形成的零星性是与人事档案集中使用的要求相矛盾的。通过收集工作,可以将分散在不同部门和不同时期的人事档案材料集中起来。因此,收集解决了人事档案材料分散形成和集中使用的矛盾,是实现人事档案集中统一管理的基本途径。

2. 收集工作的种类

人事档案材料的收集工作贯穿于人事档案工作的始终,根据时间先后划分,可将人事档案材料的收集分为整前收集和整后收集两类。

（1）整前收集。整前收集是人事档案整理之前的收集工作,其特点是突击性和一次性。整前收集为整理提供了原材料,是整理工作的重要前提和基础。因此,整前收集应尽可能地一次性收集齐全,否则,既影响整理工作的质量,也增加工作量。

（2）整后收集。整后收集是人事档案经过整理之后对新形成的材料进行收集的工作。

作为一种补充性的收集工作,整后收集除了有计划、广泛地、及时地收集有关部门新形成的材料外,还可根据工作需要和档案中缺材料的情况,布置个人填写履历表、撰写自传或进行鉴定工作,并将这些材料补充进人事档案。

(二) 收集工作的要求

1. 保质保量

数量足、质量优是人事档案收集工作的一项重要指标。既要达到一定的数量,又要重视归档与接收前的认真审核,只收集属于人事档案范围的、有保存价值的材料,保证人事档案的精炼和优化。

2. 主动及时

人事档案材料的产生和形成涉及许多单位和部门。《干部人事档案材料收集归档规定》指出:"干部人事档案材料形成部门必须按照有关规定规范制作干部人事档案材料,建立干部人事档案材料收集归档机制,在材料形成之日起一个月内按要求送交干部人事档案管理部门归档并履行移交手续"(第三十条);同时,"干部人事档案管理部门应当建立联系制度,及时掌握形成干部人事档案材料的信息,主动向干部人事档案材料形成部门、干部本人和其他有关方面收集干部人事档案材料"(第三十一条)。在实际工作中,由于种种原因,人事档案材料形成部门未能及时地送交应归档材料,人事档案管理部门认为有了文件规定就坐在办公室等形成部门主动地把材料转递过来,或等到材料堆积如山时才催促归档和收集,这些做法都是不可取的。人事档案管理部门应有很强的时间观念,要做到工作不拖拉、材料不积压,同时,要主动地与材料形成单位取得密切联系,走出办公室,通过各种方式和方法,尽快地将所形成的、新发现的人事档案材料收集起来,及时归入相对人的档案中。

3. 安全保密

在人事档案材料收集过程中,要注意人事档案材料的物质安全和内容安全,不丢失损坏,不失密泄密。如果在材料归档转递中,材料丢失了,有的将很难补救,会造成相对人某一时期或某一事件上材料的空白,影响到档案作用的发挥;如果材料破损,将影响档案的使用寿命,修复也费时费力,有的还难以恢复原貌;如果人事档案的内容让无关的人知道甚至扩散出去,既违反了保守国家机密的原则,又侵犯了个人的隐私权,对组织和相对人都造成损害。因此,人事档案管理人员和相关人员必须高度负责,严格归档和转递手续,防止档案损坏、丢失和失密泄密现象的发生。

4. 客观公正

在人事档案材料收集过程中,必须以客观真实、变化发展和完整全面的思想为指导,做到符合事实、公正客观、准确无误,方可发挥其凭证、参考作用。

(三) 收集工作的方法

1. 明确人事档案材料收集的范围

人事档案材料的收集必须有明确的范围。每个人在社会实践活动中形成的材料是多方面的,有的属于文书档案或其他专业档案的范围,只有一部分属于人事档案。根据各类档案的特点与属性,准确划分各自的收集范围,可以避免错收、漏收,这是做好收集工作的先决条件。从内容上看,根据《干部人事档案材料收集归档规定》(中组发〔2009〕12号),人事档案需要收集的基本材料包括:

(1) 履历材料。履历表和属于履历性质的登记表。

(2) 自传材料。自传和属于自传性质的材料,领导干部个人有关事项发生变化的报告表等材料。

(3) 鉴定、考核、考察材料。组织审定的各类鉴定材料(学生的表现鉴定、工作调动鉴定、挂职鉴定、转业鉴定等);在重大政治事件、突发事件和重大任务中的表现材料;定期考核材料,年度考核登记表,援藏、援疆、挂职锻炼等考核材料、后备干部登记表(提拔使用后归档)等材料;审计工作中形成的经济责任审计结果报告。

(4) 学历、学位、培训、专业技术职务材料。学历学位材料:高中毕业生登记表,中专毕业生登记表,普通高等教育、成人高等教育、自学考试、党校、军队院校报考登记表,入学考试各科成绩表,研究生推免生登记表,专家推荐表,学生(学员、学籍)登记表,学习成绩表、毕业生登记表,授予学位的材料,毕业证书、学位证书复印件,党校学历证明,选拔留学生审查登记表等参加出国(境)学习和中外合作办学学习的有关材料,国务院学位委员会、教育部授权单位出具的国内外学历学位认证材料等。培训材料:为期两个月以上的学员培训(学习、进修)登记表、考核登记表、结业登记(鉴定)表等材料。职业(任职)资格材料:职业资格考试合格人员登记表或职业(任职)资格证书复印件,教师资格认定申请表等材料。评(聘)专业技术职称(职务)材料:专业技术职务任职资格评审表、申(呈)报表,聘任专业技术职务审批表等材料。反映科研学术水平的材料:当选为中国科学院院士、中国工程院院士的通知,遴选博士生导师简况表,博士后工作期满登记表;被县处级以上党政机关、人民团体等评选为专业拔尖人才的材料;科研工作及个人表现评定材料,业务考绩材料;创造发明、科研成果鉴定材料,著作、译著和有重大影响的论文目录。

(5) 政审材料。审查工作形成的调查报告、审查(复查、甄别)结论、上级批复、本人对结论的意见、检查、交代或情况说明材料、撤销原审查结论的材料以及主要依据与证明材料;入党、入团、参军、入学、出国或从事特殊职业等的政审材料;更改(认定)姓名、民族、籍贯、国籍、入党入团时间、参加工作时间等材料:个人申请、组织审查报告及主要依据与证明材料、上级批复;计算连续工龄审批材料等。

(6) 党团材料。中国共产党入党志愿书、入党申请书、转正申请书,整党工作、党员重新登记工作中民主评议党员的组织意见,党员登记表,党支部不予登记或缓期登记的决定、上级组织意见,不合格党员被劝退或除名的组织审批意见及主要依据材料,取消预备党员资格的材料,退党、自行脱党材料,恢复组织生活(党籍)的有关审批材料;中国共产主义青年团入团志愿书、申请书、团员登记表、退团材料;加入或退出民主党派的材料。

(7) 表彰奖励材料。县处级以上党政机关、人民团体等予以表彰、嘉奖、记功和授予荣誉称号的审批(呈报)表、先进人物登记(推荐、审批)表、先进事迹材料,撤销奖励的有关材料等。

(8) 涉纪涉法处分材料。处分决定,免予处分的意见,上级批复,核实(调查、复查)报告及主要依据与证明材料,本人对处分决定的意见、检查、交代及情况说明材料,解除(变更、撤销)处分的材料,检察院不起诉决定书,法院刑事判决书、裁定书,公安机关作出行政拘留、限制人身自由、没收违法所得、收缴非法财物、追缴违法所得等的行政处理决定等。

(9) 录(聘)用、任免、调动、转业、工资、待遇、出国、退(离)休、辞职(退)材料及各种代表会代表登记表材料。招录、聘用材料:录(聘)用审批(备案)表,选调生登记表及审批材料,选聘到村任职高校毕业生登记表,应征入伍登记表,招工审批表,取消录用、解聘材料。任免、调动、授衔、军人转业(复员)安置、退(离)休材料:干部任免审批表及相应考察材料,干部试用期满审批表,公务员登记表,参照公务员法管理的机关(单位)工作人员登记表,公务员调任审批(备案)表,干部调动审批材料,援藏、援疆、挂职锻炼登记(推荐)表,授予(晋升)军(警)衔、海关关衔、法官和检察官等级审批表,军人转业(复员)审批表,退(离)休审批表等材料。辞职、辞退、罢免材料:自愿辞职、引咎辞职的个人申请、同意辞职决定等材料,责令辞职的决定,对责令辞职决定不服的申诉材料、复议决定,辞退公务员审批表、辞退决定材料,罢免材料。工资、待遇材料:新增人员工资审批表,转正定级审批表,工资变动(套改)表,提职晋级和奖励工资审批表或工资变动登记表,工资停发(恢复)通知单,享受政府特殊津贴的材料,解决待遇问题的审批材料。出国(境)材料:因公出国(境)审批表,在国(境)外表现情况或鉴定等材料,外国永久居留证、港澳居民身份证等的复印件。党代会、人代会、政协会议、人民团体和群众团体代表会议、民主党派代表会议形成的材料:委员当选通知或证明材料,委员简历;代表登记表等。

(10) 其他材料。健康检查和处理工伤事故材料:毕业生体检表、录用体检表,反映严重慢性病、身体残疾的体检表,工伤致残诊断书,确定致残等级的材料。治丧材料:悼词、生平、讣告、死亡通知单、非正常死亡调查报告及有保存价值的遗书等材料。干部人事档案报送、审核工作材料:干部人事档案报送单,干部人事档案有关情况说明等材料。毕业生就业报到证(派遣证),人事争议仲裁裁决书(调解书),公务员申诉处理决定书(再申诉处理决定书、复核决定),再生育子女申请审批表等有参考价值的材料。

上述收集范围是依据《干部人事档案材料收集归档规定》总结的法定收集范围,随着新形势的发展,还可能产生以前没有的新材料,例如,2018年中共中央办公厅印发的《干部人事档案工作条例》第十九条所提到的"廉洁从业结论性评价""人民法院认定的被执行人失信信息"等"廉洁""诚信"方面的材料就是适应新时代工作发展需要而增加的。不同类别人员档案材料收集的侧重点也会有所差异。因此,对新形成或未列入以上范围的材料,要做认真分析,若属于记载员工情况且对考察了解员工有一定参考价值的,应积极向上级组织部门反映,以便对收集归档规定进行修改和补充。

2. 疏通人事档案材料来源的渠道

人事档案材料来源多、涉及面广,凡与人员管理活动发生关系的单位或部门都有可能产生人事档案。从形成主体看,既有个人形成的,也有组织上形成的;从形成过程看,既有在现实工作中由组织和个人自然形成的,也有组织上为了解个人专门情况而布置填写的。因此,要将一个人的所有档案材料全部收集起来,首先必须弄清材料来源,疏通收集渠道,与形成人事档案材料的相关单位建立紧密的工作联系。

(1) 单位形成的人事档案材料。

① 各级组织、人事部门是人事档案材料形成的主渠道。收集个人的履历表、简历表、登记表等反映个人经历的材料,自传材料,鉴定书、鉴定表以及其他各种鉴定材料,考核考绩材料,政审材料,招工、提干审批表,职务任免呈报表,调动工作登记表,退职、退休、离休审批表及登记表,工资调整审批表,晋升技术职称等审批材料。

② 党团组织和政府机关。收集个人的入团申请书、入团志愿书、入党申请书、入党志愿书、转正申请书以及入团、入党时组织上关于本人历史和表现及家庭主要成员、社会关系情况的调查材料;入团、入党、党内外表彰等方面的材料以及统一布置填写的各种履历表、自我鉴定、登记表等材料。

③ 纪检、监察、公安、检察院、法院、司法部门。收集个人违犯党纪国法而形成的党内、外处分,取消处分,甄别复查平反决定,判决书复制件及撤销判决的通知书;个人检查以及判决书等方面的材料。

④ 人大常委、政协等有关部门。收集人大代表登记表、政协代表登记表等材料。

⑤ 科技、业务部门。收集反映个人业务能力、技术发明、技术职务评定和技术成果评定的材料,包括评聘专业技术职务(职称)的申报表、评审表、审批表,晋升技术职称、学位、学衔审批表,技术人员登记表,考试成绩表,业务自传,技术业务的个人小结以及组织评定意见,创造发明和技术革新的评价材料,考核登记表,重要论文篇目和著作书目等材料。

⑥ 教育、培训机构。收集个人在校学习时形成的报考登记表、学生登记表、成绩表、鉴定表、毕业生登记表、授予学位的材料、奖励和处分等方面的材料。

⑦ 部队有关部门和民政部门。收集地方干部兼任部队职务方面的审批材料,复员和转业军人的档案材料。

⑧ 审计部门(或行政管理部门)。收集干部个人任期经济责任审计报告或审计意见等材料。

⑨ 统战部门。收集干部参加民主党派的有关材料。

⑩ 卫生部门。收集健康检查和处理工伤事故中形成的有关材料。

此外,还可以通过各种代表大会收集代表登记表、委员登记表等材料;通过个人原工作单位收集有关文件明确规定的应该归入个人人事档案的材料;通过亲属和社会关系所在单位收集有关落实政策情况的材料。

(2) 个人形成的人事档案材料。主要指通过人事档案相对人个人形成的档案,因主体不同,材料内容也有差别(见表2-1)。

表2-1 相对人个人形成的人事档案材料

种 类	主 要 材 料
干部档案	自传及属于自传性质的材料、干部履历表、干部登记表、自我鉴定表、干部述职登记表、体检表、创造发明、科研成果、著作和论文目录、入党入团申请书、党员团员登记表等。
工人档案	求职履历材料、招工登记表、体检表、职工岗位培训登记表、工会会员登记表、入党入团申请书、党员团员登记表等。
学生档案	报考登记表、学生登记表、毕业生登记表、学习鉴定表、体检表、学历(学位)审批表、入党入团申请书、党员团员登记表等。

所谓疏通收集渠道,就是要做好联系和指导工作。人事档案工作人员应主动地与上述有关单位保持联系,向他们宣传收集工作的意义、收集范围及注意事项。例如,有的单位担心提交材料后自己工作不方便,可以建议他们复制一份留存备用,将原件送交人事档案部门归档;有的单位人员不懂人事档案的知识,不清楚哪些材料需要归档,可以通过培训、发文或个别指导的形式给予辅导。此外,人事档案工作人员应主动走出去,协助和指导有关单位做好收集工作。

3. 掌握人事档案材料形成的规律

人事档案材料的形成是有规律可循的,掌握了材料形成的规律,就可以掌握收集工作的主动权,高效率地做好收集工作。

(1) 时间规律。许多人事档案材料的形成具有一定的时间规律。例如,每年"五一"劳动节,各级工会组织要表扬一批劳动模范、先进生产者;每年"五四"青年节,各级团委要表彰一批优秀团员、青年积极分子;每年"七一"建党节,各级党组织要评选和表彰一批优秀党员;每学期期末或教师节,学校要评选和表彰一批三好学生、优秀班干部、优秀教师或先进教育工作者;每年年终,不少单位会结合总结工作,评选年度优秀员工、先进工作者。上述活动中,必然形成一批反映个人先进事迹的材料。每到毕业季,必然形成一批有关大、中专毕业生的毕业就业材料;每当机构重组、职务变动、工资调整,必然形成一批人员任免和工资调整的材料;每当党代会、人代会的换届选举,也会产生一批人事档案材料。若能掌握人事档案材料形成的时间规律,就可以在此时间之后,及时地将所形成的人事档案材料收集起来,防止因时过境迁而造成的人事档案材料遗失或损坏。

(2) 信息规律。人事档案材料是事后的记录和信息的载体。人事档案所记载的内容和事件的消息必然要在一定范围内传播。所谓收集工作的信息规律,就是要把这些消息和人事档案材料的产生联系起来,判断哪些消息或其反映的情况可以产生人事档案材料,从而及时进行收集工作。有关人员也要多与人事档案工作人员互通情报、提供消息,以便完整地收集各方面的人事档案材料。例如,听到党代会、人代会召开的信息,就要及时收集会议形成的代表登记表和一批干部的任免情况;听到某领导班子调整、一批人员的任免通知,就要及时索要有关的任免呈报表或调整工资审批表;听到某系统召开先进模范表彰大会,就要主动索要所管人员的事迹材料;听到一批新党、团员宣誓,就要及时收集他们的入党、入团材料;听到某人晋升了专业技术职称,就要收集其晋升审批表;听到某人逝世或召开追悼会的消息,就要注意收集他的悼词和死亡报告表。

(3) 变化规律。人事档案具有动态性。所谓变化规律,就是根据某些情况的变化来推知可能要形成相应的人事档案材料。例如,新近填写的履历表或登记表中单位或职务变化了,就必然形成任免呈报表或调动登记表;文化程度变了,就必然形成新的学历材料。当然,有的内容变化并不一定就形成了材料,可能是本人未经组织审查批准自行修改的,也可能属于误填,应具体情况具体分析。

4. 建立人事档案收集工作制度

人事档案材料的收集是一项贯彻始终的经常性工作,将行之有效的做法用制度的形式加以固定,可以巩固并加强收集工作。

(1) 归档制度。归档制度是关于将办理完毕的人事档案材料移交人事档案管理机构或档案专管人员保存的规定。其内容包括归档范围、归档时间、归档要求。《干部人事档案材料收集归档规定》第三十条明确指出:"干部人事档案材料形成部门必须按照有关规定规范制作干部人事档案材料,建立干部人事档案材料收集归档机制,在材料形成之日起一个月内按要求送交干部人事档案管理部门归档并履行移交手续。"可见,归档制度已成为党和国家用法律法规形式固定下来的一项制度,应切实贯彻执行。

归档要求人事档案管理部门严格审核归档材料是否办理完毕,是否对象明确,齐全完整、文字清楚、内容真实、填写规范、手续完备。归档材料一般应为原件;证书、证件等特殊情况需用复印件存档的,必须注明复制时间并加盖材料制作单位公章或干部人事关系所在单位组织(人事)部门公章。归档材料的载体使用国际标准 A4 型的公文用纸,字迹材料应当符合档案保护要求。

（2）催要制度。催要制度是指人事档案管理部门在日常工作中不能完全坐等材料形成部门主动送交人事档案材料，也不能送多少就收多少，应当经常与有关部门进行联系，主动催促并索要应归档的人事档案材料。如果有关单位或部门迟迟未交，人事档案管理部门应及时发函、打电话、下催要通知单或网上通知、登门催要，做到口勤、手勤、脚勤，以防漏收某些材料。

（3）联系沟通制度。《干部人事档案材料收集归档规定》第三十一条明确指出："干部人事档案管理部门应当建立联系制度，及时掌握形成干部人事档案材料的信息，主动向干部人事档案材料形成部门、干部本人和其他有关方面收集干部人事档案材料"。有的地区建立了联席会议制度[1]，定期召开联席会议，了解研究收集工作情况，及时发现并解决收集工作中的问题，督促材料形成部门按时送交应归档材料，效果显著。

（4）检查核对制度。为了对所管人事档案材料心中有数，人事档案管理部门应根据所管辖人事档案的数量状况，在每季度、半年或一年对人事档案进行一次检查核对。如果发现由于同名同姓或张冠李戴而错装错收的材料，应及时加以纠正；因人员工作调动或管理权限变动，应予转出的材料及时转至有关部门；不符合归档要求的材料，退回形成单位重新制作或补办手续；不属于归档范围的材料，退回原单位处理；发现缺少的材料，及时填写补充材料登记表，以便继续收集和补充。

（5）及时登记制度。为了便于了解收集工作情况，避免人事档案材料的重复收集和盲目收集，防止材料的遗失、散落，人事档案管理部门应做好档案材料的收集登记制度。现行的收集登记有两种：一种是收文登记，即将收到的材料在收文登记簿上逐份登记；二是移交清单，由送交单位填写，作为转出或接收的底账，人事档案管理部门留一份保存起来，年终装订成册，以便检查核对。

（6）随时补充制度。人事档案是一种动态性和延展性很强的专门档案，它会随相对人的成长而形成新的材料。为便于组织全面、历史地掌握员工的情况，人事档案管理部门应根据工作需要和档案材料的短缺情况，不定期地统一布置填写履历表、登记表、自我鉴定、体检表等，以便随时补充人事档案材料。在利用信息系统时，应将收集到的材料及时补充录入，更新系统信息；信息系统收到重要的人事档案时，也需要将电子档案制成纸质硬拷贝保存。这样的双向过程，可使系统的信息管理和实体档案管理基本保持同步。

> **小知识**
>
> **前端控制理论**
>
> 前端控制理论是源于文件生命周期原理和文档一体化管理思想而逐渐发展和形成的一种档案管理理论。文件生命周期原理由美国的菲利普·布鲁克斯提出，指文件从产生直至因丧失作用而被销毁或者因具有长远历史价值而被档案馆永久保存的整体运动

---

[1] 联席会议是指没有隶属关系但有工作联系的单位或部门，为了解决法律没有规定或规定不够明确的问题，由一方或多方牵头，以召开会议的形式，在充分发扬民主的基础上，达成共识，形成具有约束力的规范性意见，用以指导工作，解决问题。

过程。文档一体化是指将文书处理与档案管理相结合,充分利用文书处理过程中形成的数据信息,避免档案部门的重复劳动,使文书工作中文件的收发、登记、运转、承办、催办以及文件的收集、整理、立卷和归档、利用、统计形成一个有序的整体。

前端控制理论由法国的诺加雷提出,其核心思想是:从文件的形成到档案的永久保存或销毁是一个完整的过程。因为文件与档案是同一事物的不同发展阶段,其物质形态、信息内容等方面是一致的,因此,应将档案管理工作的要求贯彻于文书处理工作之中,实行超前控制。档案工作者应重新考虑他们在文件生命周期中进行干预的时机,甚至重新思考这种生命周期本身。针对文件(或在工作中形成的各种载体的文字记录)的管理,要从文件形成之时甚至形成之前就对文件形成一直到归档整个过程给予通盘规划,把可能预先设定的管理功能纳入系统之中,并在文件形成和维护阶段进行监督。这对于减少重复作业或滞后作业、优化管理功能、提高管理效率都有重要意义。

前端控制理论在人事档案工作中的应用主要有以下四个方面:

(1) 人事档案管理部门对人事档案材料的形成、积累、归档、整理过程进行指导、监督、检查。包括书面文件的撰写、录音文件的录制、照片文件的拍摄、电子文件的制作、文件的收受、登记、运转、催办等。

(2) 对人事文件的形成进行数量和质量控制。所谓数量控制,即文件形成时,首先应看有无必要性,有些活动并不一定要制作文件,只有必须制作并留待日后备考的活动,才制作文件。所谓质量控制,就是文件内容的准确性、文件的制成材料、形状、信息的记录要素、方式、方法等都要符合规格和要求。

(3) 将文件管理中的收发、登记、编号、流通、使用、暂存、销毁、清退、归档等一系列工作与档案工作中的收集、鉴别、整理、保管、利用、转递等一系列工作互相结合,实现无缝衔接。

(4) 建立文档一体化管理系统,立足以网络为起点,从而实现文件的一次性输入、多途径的输出利用,达到文书与档案数据资源的最佳利用效果,消除重复劳动,提高工作效率和质量,并使文件与档案作为完整的体系,纳入到办公自动化的轨道中,对电子文件归档进行前端控制,既能极大地发挥电子文件的优点,又能防止电子文件可能损坏造成的困难。

可见,人事档案工作者必须充分认识到人事档案材料的形成过程与规律,对人事档案材料的形成、积累阶段进行监督、指导和检查,协助人事档案材料形成部门和人员按质按量地做好文件材料的形成工作,为人事档案工作奠定坚实的物质基础。

资料来源:邓绍兴,《人事档案教程》,中国传媒大学出版社,2008年,第234—235页。

任务二 流动人员人事档案托管业务

一、任务要求

通过情境设计和业务演练,要求学生掌握人事档案收集环节中的各项核心业务,注意业务受理条件、申请材料、办理流程及注意事项。

二、实训

【实训名称】业务演练

【实训目的】熟悉收集环节中的各项核心业务及其办理流程和注意事项。

【实训步骤】

（1）模拟工作情境。

> 2017年7月，来自海淀区的小张从北京LB职业学院毕业，经营自己在淘宝开的一家网店；小王顺利通过"专接本"考试；小李在A公司找到一份人事专员的工作。
>
> A公司没有人事管理权，小李建议公司可以在人力资源公共服务中心办理集体委托管理人事档案业务，人力资源经理及公司总经理同意并授权小李亲自办理。A公司在人力资源公共服务中心立户后，其员工档案便可以集体委托存档的形式由中心托管。
>
> 2018年8月份，小李顺利通过了企业人力资源管理师（三级）考试，在领取职业资格证书的同时还收到一张《资格考试登记表》[①]，并被告知《资格考试登记表》应及时归档。
>
> 2019年春节过后，小李跳槽到B公司。B公司具有人事管理权，可以接收员工的人事档案。

（2）请思考案例中涉及哪些人事档案业务？

（3）以小组为单位完成情境模拟和业务演练，小组成员分别扮演不同的角色（小张、小王、小李、存档机构咨询人员、业务窗口服务人员、库房管理员、单位经办人员等）。

（4）教师总结。

【实训要求】

步骤2应准确地说出各项业务的名称，知晓办理该业务所需的申请材料、业务流程及注意事项；步骤3要求小组成员角色归位，配合默契，业务处理方式合乎规定，注重细节、表述准确流畅。

三、业务指南

本节以北京市流动人员为例，重点介绍单位委托管理（单位立户登记、单位信息变更、单位销户登记）、存档业务管理（存档受理、档案接收、档案暂存、档案存档类别变更）和档案材料收集归档业务。

（一）单位委托管理

单位委托管理业务是指依据有关规定，为用人单位办理委托保存职工人事档案的手续，包括单位立户登记、信息变更和单位销户登记。

1. 单位立户登记

（1）业务流程图如图2-1所示。

[①] 《资格考试登记表》是考生经过本单位和组织考试单位审查同意参加考试报名的凭证。组织考试的单位和颁发证书的单位在考试合格人员的《资格考试登记表》相关栏内签署意见并加盖公章后，在办理证书时随同证书一并交给办证人。取得资格人员须及时将《资格考试登记表》交管理本人档案的人事部门归档。

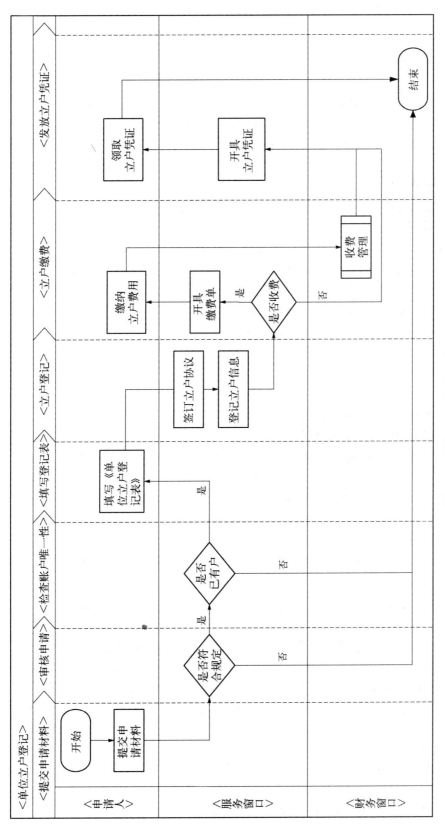

图 2-1 单位立户登记业务流程图

(2) 具体操作流程:

第一步,申请人提交申请材料;

第二步,服务窗口审核申请材料,检查单位立户是否唯一,不符合立户规定的,及时告知申请人;

第三步,审核通过后,申请人填写《单位立户登记表》;

第四步,服务窗口登记立户信息,与申请人签订《单位委托存档协议》;

第五步,服务窗口审核立户是否收费,需要收费的,开具缴费通知单,申请人缴纳立户费用;

第六步,服务窗口开具立户凭证交单位经办人;

第七步,申请材料、《单位立户登记表》、《单位委托存档协议》归入文书档案管理。

(3) 注意事项:

第一,带齐申请材料:① 立户单位《企业法人营业执照》、《事业单位法人登记证》、《社会团体法人登记证》副本和单位成立证明文件原件及加盖公章的上述材料复印件,分支机构还需提供总部授权独立开户的证明;② 《组织机构代码证》、《社会保险登记证》副本原件及加盖公章的复印件;③ 单位介绍信,法定代表人身份证复印件,经办人身份证原件和复印件。

第二,《单位委托存档协议》提前填妥并加盖单位公章。

2. 单位信息变更

(1) 业务流程图如图 2-2 所示。

(2) 具体操作流程:

第一步,申请人提交变更申请材料;

第二步,服务窗口审核申请材料,不符合规定的,及时告知申请人;

第三步,服务窗口进行限制服务检查,如属于限制服务,则不予受理并告知原因;

第四步,申请人填写《单位信息变更申请表》;

第五步,服务窗口审核单位变更内容,如变更委托存档协议,终止原协议,签署新协议,登记变更信息;如单位变更其他信息,按提交材料登记变更信息;如单位变更名称,需修改立户凭证交申请人;

第六步,申请材料、《单位信息变更申请表》、原协议、新协议归入文书档案管理。

(3) 注意事项:

第一,带齐申请材料:①《单位委托存档协议》,立户凭证;② 有关部门批准单位变更名称、注册地址、法人代表等相关事项的证明文件,变更后的营业执照副本、法定代表人身份证原件及加盖公章的复印件;③ 单位信息变更通知,经办人身份证原件和复印件。

第二,限制服务,是指应有关组织或单位要求、欠缴费用、档案外借以及其他特殊情况发生时,档案管理机构对存档单位或个人档案进行冻结,并限制提供相关服务。限制服务分为完全冻结、部分服务限制、服务提醒三个级别,限制服务原因消除后,可降低等级或解除限制。

3. 单位销户登记

(1) 业务流程图如图 2-3 所示。

(2) 具体操作流程:

第一步,申请人提交销户申请材料;

第二步,服务窗口审核申请材料,不符合规定的,及时告知申请人;

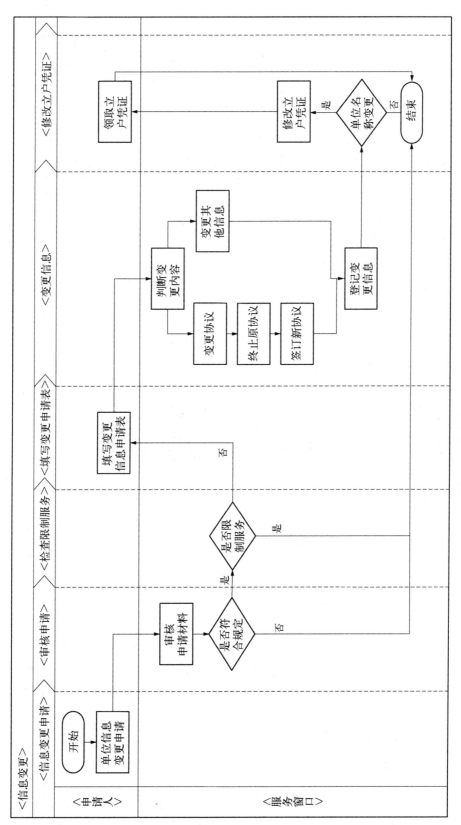

图 2-2 信息变更业务流程图

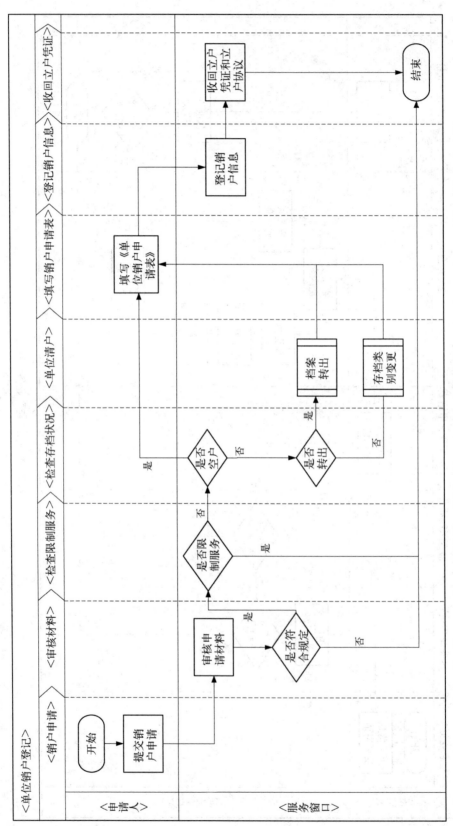

图 2-3 单位销户登记业务流程图

第三步,服务窗口进行限制服务检查,如限制服务,则不予受理并告知原因;
第四步,查询单位是否空户,如不是空户,则不予受理并告知原因;
第五步,审核通过后,申请人填写《单位销户申请书》;
第六步,服务窗口登记销户信息,收回立户凭证和单位委托存档协议;
第七步,申请材料、《单位销户申请书》归入文书档案管理。
(3)注意事项:
第一,带齐申请材料:《单位委托存档协议》,立户凭证;单位销户申请;经办人身份证原件和复印件。
第二,若此服务受限,则不能办理,只有解除限制条件后,方可办理;如有留存档案,档案全部调转后成为空户,方可办理销户。

业务表单示例2-1:单位立户登记表

单位立户登记表

单位名称		法定代表人 (负责人)		
组织机构代码		社保登记号		
单位类型		注册资金		
发照机关		注册地址	市　　区　　街	
注册号		办公地址	市　　区　　街	
邮政编码		经济性质	国有、集体、民营、私营、股份、外商投资、合伙人制、其他	
单位电话		传　真		
人力资源部负责人		联系人姓名		
联系电话		手机号码		
电子邮箱		备　注	□高新企业　□其他____	
以上信息确认无误,申请办理委托存档立户登记。 单位(盖章) 经办人签字 年　月　日				

业务表单示例2-2：单位委托存档协议

协议编号：_____

单位委托存档协议

依据国家及北京市有关规定，_____(以下称甲方)与_____单位(以下称乙方)就保存乙方职工人事档案订立协议如下：

一、乙方委托甲方保存乙方职工人事档案，乙方应告知职工档案保管单位及保管方式。

二、甲方责任：

1. 负责办理乙方职工人事档案接收手续。
2. 保存乙方职工人事档案，依据国家及北京市有关人事档案管理规定及档案内容，为有关组织出具证明。
3. 依据国家和北京市有关规定提供相关档案利用服务。
4. 依据国家及北京市有关人事档案管理规定，对乙方提供的归档材料，经确认属于归档范围的，办理材料归档手续。
5. 负责向乙方提供有关人事档案管理政策咨询服务。
6. 不负责档案保存以外的其他管理和保险责任。

三、乙方责任：

1. 乙方单位信息发生变化时，应在30日内以书面形式通知甲方。
2. 乙方应委派专人按甲方规定办理职工人事档案委托保存及相关档案利用服务等事宜。
3. 负责按有关规定缴纳人事档案保存费每份每月____元；最长欠缴时间不得超过一年。
4. 负责收集职工在工作期间形成的档案材料，并定期提交甲方，经甲方确认后归入职工人事档案。
5. 负责在与职工终止或解除劳动(聘用)合同之日起20日内，向甲方出具《单位减少存档人员表》及工作鉴定材料，并将职工的人事档案保存费缴至当月，办理档案减员手续。
6. 乙方办理档案减员手续后，应告知职工持相关材料办理人事档案关系接转手续，未办理人事档案关系接转手续期间的人事档案保存费每月____元，由职工自行支付。

四、协议解除：

1. 甲乙双方中的任何一方解除或终止本协议，应提前30日以书面形式通知对方。乙方解除或终止本协议前，应结清人事档案保存费，办理档案转出手续。
2. 乙方未按本协议第三条第1款执行，甲方及乙方职工采取相关措施后，均无法与乙方取得联系，甲方有权解除本协议，并为乙方职工办理档案转出手续。

五、本合同一式二份，甲乙双方各持一份，自双方签字盖章后生效，具有同等效力。如遇国家政策调整，协议条款与其发生抵触的，按国家有关规定执行。

甲方(盖章)　　　　　　　　　　　　　乙方(盖章)

经办人：　　　　　　　　　　　　　　经办人：

签订日期：　年　月　日　　　　　　　签订日期：　年　月　日

业务表单示例 2-3：单位立户凭证

(正面)

委托存档立户凭证

单 位 名 称：
组织机构代码：

制证日期： 年 月 日

(反面)

发证机构：(盖章)　　　　　　　　　　联系电话：

注意事项：

1. 单位办理存档、交费、各项人事手续时，必须出示本凭证。
2. 单位终止或解除委托存档代理协议后，必须交回本凭证。
3. 本凭证只证明该单位在发证机构委托保存职工人事档案，不作他用。
4. 若拾获本证，请交回发证机构。

业务表单示例 2-4：单位销户申请书

单位销户申请书

_____：

　　我单位因_____，申请于___年___月撤销我单位在贵单位的委托存档户，终止单位委托存档协议。

单位(盖章)
经办人签字：
年 月 日

业务表单示例2-5：单位信息变更申请表

单位信息变更申请表

变更项目	原 内 容	变 更 后 内 容
办公地址		
邮政编码		
联系电话		
传　真		
电子信箱		
人力资源部负责人		
联 系 人		
单位名称		
单位类型		
发照机关		
注册资金		
注册地址		
注 册 号		
法定代表人（负责人）		
以上信息确认无误，申请变更信息登记。 （单位盖章） 年　月　日		

(二) 存档业务管理

存档业务管理是指档案管理机构为委托存档单位职工、存档个人办理存档的服务过程。

1. 存档受理业务

(1) 业务流程图如图2-4所示。

(2) 具体操作流程：

第一步，申请人提交申请材料；

第二步，服务窗口根据申请类型审核申请材料，不符合规定的，及时告知申请人；

第三步，审核通过后登记申请信息，出具档案接收相关手续；

第四步，申请人办理调档手续；

第五步，对寄（送）达的档案，通知申请人办理存档手续，并将档案暂存（详见档案暂存管理业务）；

第六步，申请人提交材料办理档案接收（详见档案接收业务）；

第七步，申请材料归入文书档案管理。

(3) 注意事项：

第一，带齐申请材料：若为个人委托存档，须提供本人身份证原件及复印件、户口本原件；若为单位委托存档，须提供立户凭证/单位介绍信，经办人身份证原件及复印件。此外，北京生源应届毕业生还须提供《毕业生就业协议书》；退伍、复员、转业军人须提供相关证件；失业转就业须提供就业登记表；申报引进人才、解决夫妻分居调京人员提供申报单位证明和接收单位接收函。

第二，不同类型人员申请材料有别，要辨别申请人身份，根据申请类型审核材料是否合格。审核通过后出具相应的接收手续：为外地调京人员开具《档案接收函》，与毕业生签订《就业协议书》，为军队转业干部开具《申请自谋职业函》，为其他人员开具《北京市人才流动商调函》。

第三，商调函表明档案接收单位愿意接收申请人的档案，是申请人到档案转出单位办理档案转出手续的重要凭证；一定要按照商调函中规定的转出方式（可以密封盖章自取还是必须机要寄送），在规定日期内办理调档手续。

2. 档案接收业务

(1) 业务流程图如图2-5所示。

(2) 具体操作流程：

第一步，申请人提交申请材料；

第二步，服务窗口审核申请材料，不符合规定的，及时告知申请人；

第三步，按照《北京市流动人员人事档案接收审核及材料收集分类指导标准》要求审核档案，检查是否存在该份档案对应的数字化档案，如果存在，则调阅数字档案，对档案材料进行对比审核；如果不存在，则直接审核档案材料。

对材料缺少但符合接收条件的档案，服务窗口出具《委托保存人事档案缺少材料告知书》，告知申请人及时补充，办理接收手续；

审核不合格则退回，并出具《退档告知书》说明不予接收的原因，退回至档案转出单位；

第四步，审核通过后，登记存档信息，如果是个人委托存档，签订《个人委托保存人事档案合同》，如果是单位委托存档，收取《单位新增存档人员表》。判断是否需要进行特殊档案

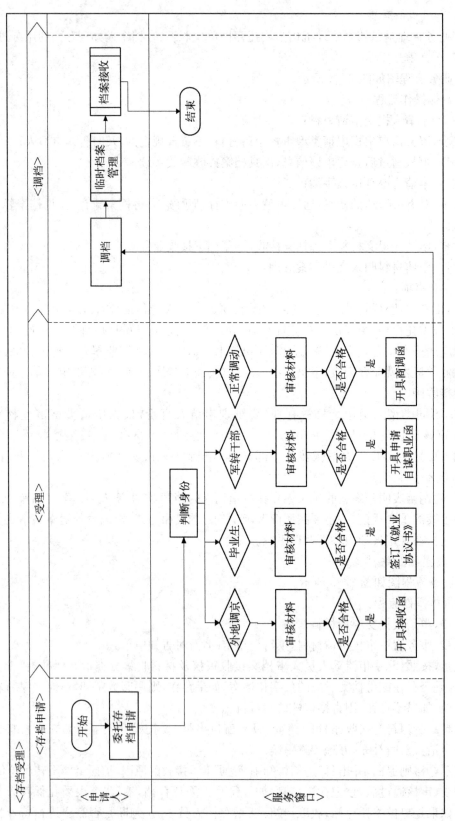

图 2-4 存档受理业务流程图

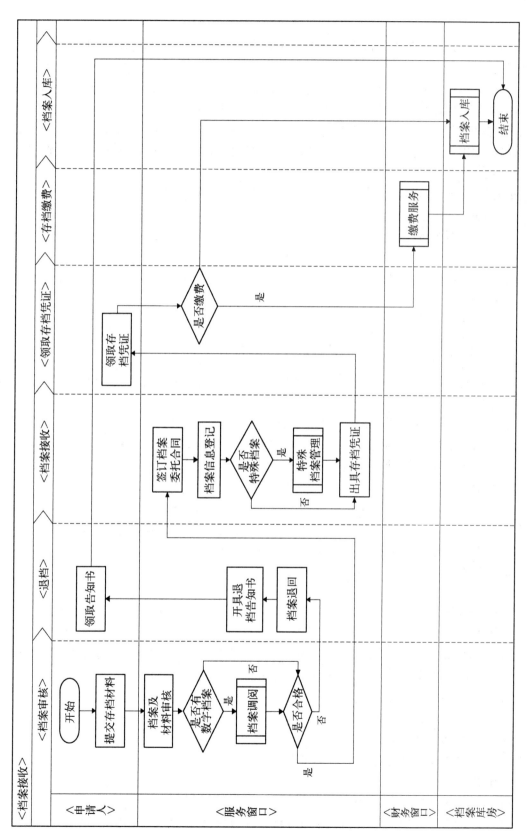

图 2-5 档案接收业务流程图

管理;

第五步,开具存档凭证、档案转递回执交申请人,需要缴纳存档费的,申请人到财务窗口缴纳费用;

第六步,档案转递通知单、档案材料清单(目录)、存档登记表、委托存档合同、就业报到证、高校毕业生生育情况证明、用人单位招用人员就业登记表、自谋职业、自主创业和灵活就业人员个人就业登记表、民政局安置办公室介绍信、军转办介绍信、行政介绍信、工资介绍信、人员调动供给介绍信、委托保存人事档案缺少材料告知书归入档案,其他申请材料归入文书档案管理;

第七步,服务窗口将档案移交库房,库房管理人员将档案整理后登记入库。

(3)注意事项:

第一,带齐基本材料:

① 个人委托存档:《北京市流动人员存档登记表》、人事档案;

② 单位委托存档:《北京市流动人员存档登记表》、人事档案、单位立户凭证、《单位新增存档人员表》。

第二,下列人员还需提供以下材料:

① 正常调动存档:档案转出单位出具的行政工资介绍信;

② 毕业生存档:《就业报到证》《高校毕业生生育情况证明》;

③ 失业转就业:《用人单位招用人员就业登记表》或《自谋职业、自主创业和灵活就业人员个人就业登记表》;

④ 军人复员(退伍):《北京市民政局安置办公室介绍信》;

⑤ 军队干部转业:北京市人民政府军队转业干部安置办公室通知、原单位行政介绍信;

⑥ 军队干部复员(转业):《人员调动供给介绍信》;

⑦ 其他:档案中应具备的其他相关材料。

第三,北京生源应届毕业生在申请委托存档时,必须提供《毕业生就业协议书》,办理档案接收手续时,还需持《就业报到证》,其抬头单位必须与《毕业生就业协议书》以及一年后办理转正定级的《大中专毕业生见习期鉴定表》中的单位保持一致。

3. 档案暂存管理业务

(1)业务流程图如图2-6所示。

(2)具体操作流程:

① 登记入库。

第一步,服务窗口对寄(送)达的档案按照《北京市流动人员人事档案接收审核及材料收集分类指导标准》要求审核档案,对已经数字化的调阅数字档案审核;

第二步,填写《档案审核登记表》;

第三步,档案库房进行档案入库;

第四步,发布档案到达信息供申请人查询;

第五步,档案审核登记表归入文书档案管理。

② 转出。

第一步,服务窗口清查暂存档案;

第二步,审核合格的,通知申请人办理存档手续,档案出库办理档案接收(详见档案接收

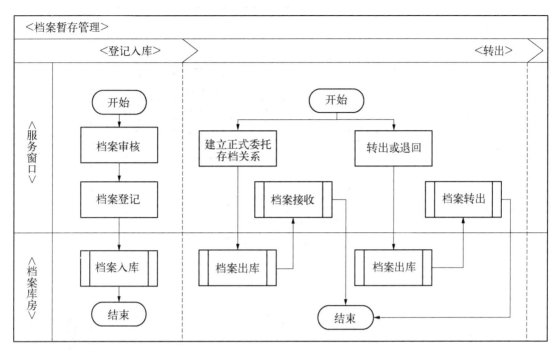

图 2-6 档案暂存管理业务流程图

业务),建立正式委托存档关系;第二步,审核不合格的,告知申请人不予接收的原因,档案出库办理档案转出(详见档案转出业务——项目六),退回原单位。

(3)注意事项:

第一,档案入库前必须进行审核、登记;

第二,服务窗口清查暂存档案,如发现错寄档案、超过暂存期限的,档案出库办理档案转出,退回原单位;如属于就业转失业人员档案,档案出库办理档案转出至社保所;如属于未就业毕业生初次就业,档案出库办理档案转出至接收单位。

4. 档案存档类别变更业务

档案存档类别变更业务是指为存档类别发生改变的存档人员变更存档合同。存档类别包括单位(集体)委托存档、个人委托存档。

(1)业务流程图如图 2-7 所示。

(2)具体操作流程:

第一步,申请人提交申请材料;

第二步,服务窗口审核材料,检查限制服务情况,不符合规定的,及时告知申请人;

第三步,审核通过后,申请人填写《存档类别变更申请表》;

第四步,服务窗口判断是否需要重新签订存档合同,登记存档类别变更信息;

第五步,修改存档凭证交申请人;

第六步,将单位同意转入或转出证明、《单位委托存档人员解除存档合同证明信》、《单位委托存档人员聘用期内鉴定表》、《存档类别变更申请表》移交档案库房归入档案。

(3)注意事项:

第一,带齐申请材料:① 单位委托存档转入提供单位同意转入证明;单位委托存档转出

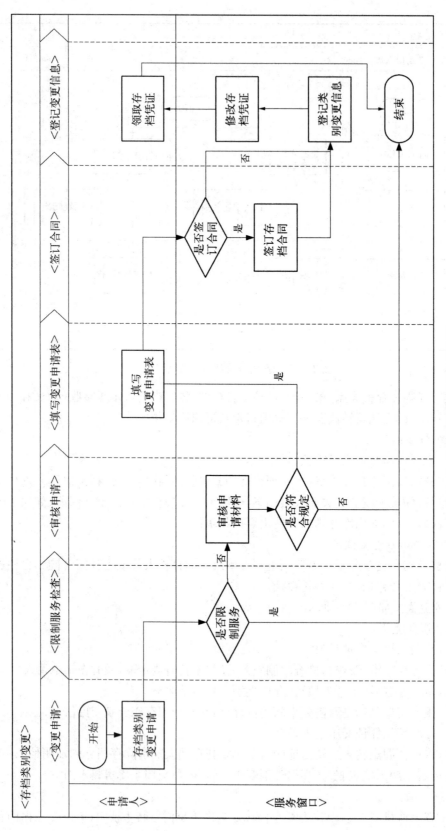

图 2-7 存档类别变更业务流程图

提供单位同意转出证明或《单位委托存档人员解除存档合同证明信》及《单位委托存档人员聘用期内鉴定表》;② 本人身份证;③ 存档凭证。

第二,存档类别变更后,应在相应登记簿上登记类别变更信息。

业务表单示例2-6:调动申请单

＊＊区人力资源公共服务中心:

现根据我企业经营情况,为以下人员办理调动手续,同意将其人事档案委托存放在我单位集体户内,并建立单位委托存档关系。

存档期间,该同志办理任何手续,需提供我单位开具的介绍信。解除或终止劳动(聘用)合同时,我单位为其提供档案转出相关材料,并在15日内协助职工本人完成人事档案转出手续。逾期未办理档案转出,单位及职工本人不再要求提供各项服务。

请协助办理。

1	2	3	4	5	6
姓　名	性别	身份证号	调入前存档机构名称	调出至存档机构名称	备注

温馨提示:
1. 此表一式两份,一份交人力资源公共服务中心,一份企业自留。
2. 办理调入时,1.2.3.4列为必填项。办理调出时,1.2.3.5列为必填项。

本人签字:　　　　　　　　　　　　　　企业单位盖章
　　　　　　　　　　　　　　　　　　　人事主管签字:
　　　　　　　　　　　　　　　　　　　　年　　月　　日

业务表单示例2-7：存档人员情况登记表

存档号：

姓　名		性　别		出生年月	
行政职务		专业技术职务		政治面貌	
文化程度		毕业院校及时间			

存档前工作单位名称			存档前工作单位性质	

存档期间的经历	年　月	存档机构名称	具体工作单位	任何职务

其他需说明的问题	

申报机关意见	

（盖章）
年　月　日

北京市人力资源和社会保障局印制

业务表单示例 2-8：高校毕业生生育情况证明

_____院（校）学生管理部门：

　　根据《国家人口计生委、教育部、公安部关于高等学校在校学生计划生育问题的意见》及"京人口发〔2008〕12号"文件精神，请贵校协助出具毕业生_____生育情况证明。

（盖章）

年 月 日

高校毕业生生育情况证明

姓　名		性　别		身份证号	
户口所在地					
生育状况 （请选择划√）	未育、已办理生育服务证、一孩、二孩、其他（请注明）_____				

经办人：　　　　　　　　　　　　　　　　　　　　　　院校（计划生育用章）

年 月 日

业务表单示例 2-9：委托保存人事档案缺少材料告知书

委托保存人事档案缺少材料告知书

_____同志：

　　经我中心审阅，您的人事档案内缺少下列材料，请尽快联系相关单位补齐。

机构（盖章）

姓　名		性　别		身份证号	
序　号	缺少材料名称				

本人知晓并认可档案中缺少上述材料，不要求存档机构提供与缺少材料相关的服务。

本人签字：　　　　　　　　　　　　机构（盖章）
　年 月 日　　　　　　　　　　　　　年 月 日

说明：1. 此告知书仅限于市、区县流动人员人事档案管理机构使用。
　　　2. 此告知书一式两份，档案管理机构、存档人员各留存一份。
　　　3. 空格部分需用斜线划掉。

业务表单示例2-10：退档告知书

退 档 告 知 书

_____单位：
经阅档，_____同志人事档案存在下列第_____项问题：
1. 档案内容与档案目录不符。
2. 与他人档案材料混装。
3. 缺少关键材料。
4. 材料严重破损。
5. 其他问题_____。
现将档案退回，问题解决后请重新申请办理存档手续。

                机构（盖章）
经办人签字：   年 月 日

业务表单示例2-11：个人委托保存人事档案合同

个人委托保存人事档案合同

  档案管理机构_____（以下称甲方）与_____同志（以下称乙方）就保存乙方人事档案订立合同如下：
  一、乙方自愿将人事档案转入甲方并委托甲方保存。
  二、甲方责任：
  1. 负责保存乙方人事档案。
  2. 依据国家及北京市有关人事档案管理规定及档案内容，为有关组织出具证明。
  3. 依据国家和北京市有关规定，提供相关档案利用服务。
  4. 依据国家及北京市有关人事档案管理规定，对乙方提供的档案材料，经确认属于归档范围的，办理材料归档手续。
  5. 负责为乙方办理档案转出手续。
  6. 甲方不负责档案保存以外的保险、福利和其他管理责任。
  三、乙方责任：
  1. 乙方个人信息发生变化时，应在30日内以书面形式通知甲方。
  2. 按时缴纳人事档案保存费每月__元；乙方欠缴人事档案保存费期间，甲方有权不再承担本合同第二条第2、3款责任。
  3. 按国家及北京市有关规定参加社会保险，社会保险待遇及其他福利按国家及北京市有关规定执行。
  4. 及时向甲方提交存档期间形成的档案材料，经甲方确认后归入乙方人事档案。
  5. 乙方受聘到工作单位时，应在30日内将人事档案转至单位或单位委托的存档机构。
  6. 乙方人事档案转出甲方或签订新的存档合同时，应将人事档案保存费缴至当月。
  四、本合同一式两份，甲乙双方各执一份，具有同等效力，自签字盖章后生效。如遇国家政策调整，合同条款与其发生抵触的，按国家有关规定执行。

  甲方签字（盖章）   乙方签字：

   年 月 日   年 月 日

业务表单示例 2-12：单位委托保存人事档案合同书

立户编号：_____

单位委托保存人事档案合同书

签订单位_____

签订日期_____年_____月_____日

人力资源公共服务中心

依据国家及北京市相关规定，_____（以下称甲方）与单位 _____（以下称乙方），就保存乙方职工人事档案订立合同如下：

一、甲方责任：

1. 甲方负责办理乙方招用的本市城镇户籍职工的人事档案接转手续。

2. 甲方负责保管乙方职工的人事档案，依据国家及北京市有关人事档案管理规定及档案内容，为有关组织提供档案利用服务。

3. 甲方不负责档案管理以外的其他管理和保险责任。

4. 甲方负责依据国家及北京市有关人事档案管理规定，有权对不符合规定的档案拒收并告知。

二、乙方责任：

1. 乙方必须是经国家工商行政管理部门批准成立的海淀区行政区域内具有独立法人资格的合法企业。

2. 乙方委托甲方保存乙方职工人事档案，乙方应告知职工此种档案管理方式。

3. 乙方应自国家工商行政管理部门办理信息变更之日起30日内书面通知甲方，并持相关批准材料到甲方办理信息变更手续。

4. 乙方应设专人到甲方办理委托存档及相关事宜，遇特殊情况需委托存档职工个人办理时，乙方应为其出具介绍信，并指导职工如何办理。

5. 乙方应在与委托存档职工终止或解除劳动合同15日内，向甲方出具书面通知，并为职工办理档案转移手续。

6. 乙方负责为甲方收集、鉴别及归档工作提供方便，应及时向甲方提供委托存档职工在存档期间形成的符合国家及北京市有关人事档案管理规定的归档材料。委托存档职工构成行政处分的，应依据国家相关规定执行。

7. 乙方应依据国家及北京市有关人事档案管理规定，负责乙方委托存档职工存档期间的社会保险、住房公积金及退休审批等事项。

三、协议解除：

1. 乙方如出现违反国家及北京市有关人事档案管理规定的行为或有弄虚作假等不诚信行为，甲方有权单方终止本合同。

2. 乙方未按本合同第二条第2款执行，甲方及乙方委托存档职工依据乙方立户登记信息均无法与乙方取得联系时，甲方有权单方终止本合同，并协助乙方委托存档职工办理人事档案转移手续。

3. 乙方应自国家工商行政管理部门注销登记之日起30日内持相关注销材料到甲方办理合同终止手续；乙方自愿提出终止本合同，应提前30日以书面形式通知甲方。合同终止即视为同意销户，乙方应配合甲方在销户前将集体户内人事档案办理转出手续。

四、本合同一式两份，甲乙双方各执一份，具有同等效力，自双方签字盖章之日起生效。如遇国家及北京市政策调整，甲方有权依据政策规定调整人事档案服务项目及流程。

甲方(盖章)： 乙方(盖章)：

经办人： 单位联系人：

　　　　　 联系方式：

签订日期： 年 月 日　　　　签订日期： 年 月 日

业务表单示例 2-13：单位新增存档人员表

单位新增存档人员表

组织机构代码： 　　　　　　　　　　　　　　　单位名称：

序　号	姓　名	身份证号码	存档起始时间	本人签字	备　注

注：上述人员签字即表示自愿接受单位委托档案管理机构_____保管其人事档案。

单位(盖章)
经 办 人：
年　月　日

业务表单示例 2-14：档案审核登记表

档案审核登记表

序号：

项　目	审核记录				
姓　名		性　别		出生年月	
原单位					
是否毕业生	是　　　否		生源地：本市　　外地		
接收单位					
单位电话			个人电话		
缺少材料：					
审核人：　　　　　　　　　　年　月　日					
第一次交通知	年　月　日			结果：	
第二次催办	年　月　日			结果：	
档案最终去向：					
备注					

业务表单示例 2-15：存档类别变更申请表

存档类别变更申请表

姓　名		身份证号	
原存档类别		存档号	
结束单位立户号		结束单位名称	
新单位立户号		新单位名称	

申请人：

以下由工作人员填写：

变更后类别		变更后存档号	
签约时间		起始交费时间	
备　注			

受理人：　　　　　　　　　　　　　　　审核人：

（三）档案材料收集归档业务

档案材料收集归档业务，也称零散材料收集归档业务，是指依据有关规定办理档案材料收集归档手续。随着存档人员学历、工作经历及技能水平的提升变动，如继续教育成绩表、职业资格证书等后续获得的材料应及时放入本人的档案袋中。

1. 业务流程图

业务流程图详见图 2-8。

2. 具体操作流程

第一步，申请人提交归档申请材料；

第二步，服务窗口审核申请材料，不符合规定的，及时告知申请人；

第三步，服务窗口进行限制服务检查，若此服务受限，则不能办理，只有解除限制条件后，方可办理；

第四步，服务窗口审核归档材料，将审核未通过的材料退还申请人；审核通过的，对材料进行整理，登记归档材料信息，填写《档案材料收集归档登记表》；

第五步，申请人核实登记表信息并签字确认；

第六步，服务窗口在登记表上签字，将归档材料移交档案库房；

第七步，档案库房签字确认，整理档案材料，归入本人档案；

第八步，《档案材料收集归档登记表》归入文书档案管理。

3. 注意事项

第一，申请材料包括需要归档的材料原件和本人身份证。个人存档必须本人办理，集体存档可委托单位经办人办理、代办需提交委托书、受托人身份证原件。

第二，收集归档的材料应符合《北京市流动人员人事档案审核接收及材料收集分类指导

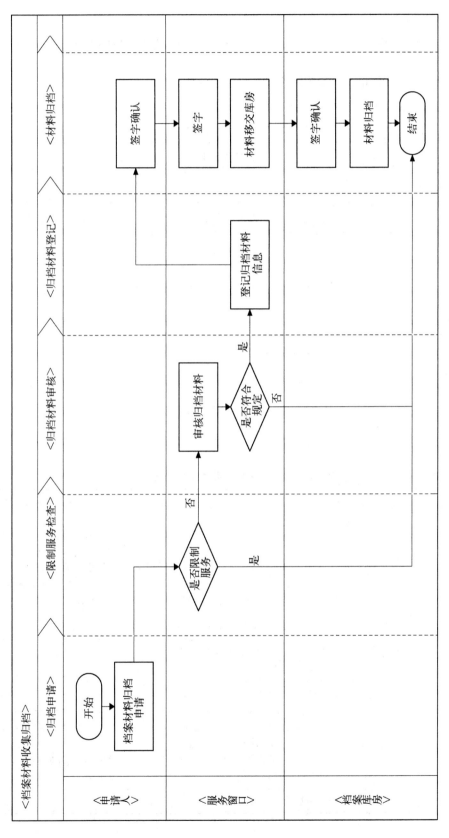

图 2-8 档案材料收集归档业务流程图

标准》的要求。

第三,存档人员后续提交的零散材料一定要即时办理,并将材料归入本人档案袋,避免丢失、遗漏或错放。

第四,核实登记归档信息、移交库房等环节都必须经双方签字确认。

业务表单示例2-16:档案材料收集归档登记表

档案材料收集归档登记表

存档号:_____		存档人姓名:_____	
申请单位:_____		申 请 人:_____	
收集归档材料信息			
序 号	材 料 名 称		数 量
1			
2			
3			
以上信息核实无误,申请人确认签字:_____ 年 月 日			
档案管理机构名称: 受理人签字:_____ 归档人签字:_____ 年 月 日			

四、延伸阅读

北京市流动人员人事档案材料收集与归档分类标准

目录清单分类	材料类别	材料收集范围	常见参考资料
第一类 履历材料	履历材料	履历表和属于履历性质的登记表等材料	1.《干部履历表》《职工履历表》《职工登记表》; 2.《存档人员登记表》《北京市人才流动登记表》《履历表》
第二类 自传材料	自传材料	自传和属于自传性质的材料	
	报告个人有关事项的材料	领导干部个人有关事项发生变化的报告表等材料	
第三类 鉴定、考核、考察材料	考察、考核、鉴定材料	考察材料;在重大政治事件、突发事件和重大任务中的表现材料;定期考核材料,年度考核登记表,援藏、援疆、挂职锻炼等考核材料;工作调动、转业等鉴定材料;后备干部登记表(提拔使用后归档)等材料	1.机关、事业单位1994年以来的《年度考核登记表》; 2.《毕业生见习期考核鉴定表》; 3.存档人员聘用期内工作鉴定表
	审计材料	经济责任审计结果报告	

(续表)

目录清单分类	材料类别	材料收集范围	常见参考资料
第四类 学历和评聘专业技术职务材料	学历学位材料	高中毕业生登记表；中专毕业生登记表；普通高等教育、成人高等教育、自学考试、党校、军队院校报考登记表，入学考试各科成绩表，研究生推免生登记表，专家推荐表；学生（学员、学籍）登记表，学习成绩表，毕业登记表，授予学位的材料，毕业证书、学位证书复印件，党校学历证明；选拔留学生审查登记表等参加出国（境）学习和中外合作办学学习的有关材料；国务院学位委员会、教育部授予单位出具的国内外学历学位认证材料等	1.《（职业）高中毕业生登记表》《技工学校学生登记表》《中等专业学校毕业生登记表》《毕业鉴定表》、成绩登记表； 2.《高校毕业生登记表》、学习成绩表； 3.《报考攻读硕士（博士）研究生登记表》、研究生推免生登记表，《研究生毕业登记表》《硕士（博士）学位授予证明》、学习成绩表； 4.党校学历证明，《学员登记表》，学习成绩表； 5.国外学历学位认证书
	职业（任职）资格材料	职业资格考试合格人员登记表或职业（任职）资格证书复印件；教师资格认定申请表等材料	
	评（聘）专业技术职称（职务）材料	专业技术职务任职资格评审表、申（呈）报表，聘任专业技术职务审批表等材料	评（聘）专业技术职称（职务）材料工作中形成的认定表、《专业技术职务任职资格申报表》《聘任专业技术职务审批表》、获得高级职称的评委会任职通知，高级技师批准材料
	反映科研学术水平的材料	当选为中国科学院院士、中国工程院院士的通知，遴选博士生导师简况表；博士后工作期满登记表；被县处级以上党政机关、人民团体等评选为专业拔尖人才的材料；科研工作及个人表现评定材料，业务考绩材料；创造发明、科研成果鉴定材料，著作、译著和有重大影响的论文目录	博士后工作期满登记表
	培训材料	为期两个月以上的学员培训（学习、进修）登记表、考核登记表、结业登记（鉴定）表等材料	

(续表)

目录清单分类	材料类别	材料收集范围	常见参考资料
第五类 政审材料	政审材料	上级批复、审查(复查、甄别)结论、调查报告及主要依据与证明材料;本人对结论的意见、检查、交代或情况说明材料;撤销原审查结论的材料;各类政审表	各类政审表
	更改(认定)姓名、民族、籍贯、国籍、入党入团时间、参加工作时间等材料	个人申请、组织审查报告及主要依据与证明材料、上级批复;计算连续工龄审批材料等	1. 更改(认定)姓名的证明材料,更改(认定)民族、年龄、国籍、入党、入团和参加工作时间的组织审查结论以及所依据的主要证明材料; 2.《北京市企业职工缴纳基本养老保险费前连续工龄审定表》
第六类 党团材料	党、团组织建设工作中形成的材料	1. 中国共产党入党志愿书、入党申请书、转正申请书;整党工作、党员重新登记工作中民主评议党员的组织意见,党员登记表,党支部不予登记或缓期登记的决定、上级组织意见;不合格党员被劝退或除名的组织审批意见及主要依据材料;取消预备党员资格的材料;退党、自行脱党材料;恢复组织生活(党籍)的有关审批材料; 2. 中国共产主义青年团入团志愿书; 3. 加入或退出民主党派的材料	1.《入党志愿书》《入党申请书》《转正申请书》; 2.《党员登记表》(1985年年底—1986年年初、1990年年底各登记一次,其中,1990年的在役军人、军校、高校学生不要求当次登记); 3.《入团志愿书》
第七类 奖励材料	表彰奖励材料	县处级以上党政机关、人民团体等予以表彰、嘉奖、记功和授予荣誉称号的审批(呈报)表、先进人物登记(推荐、审批)表、先进事迹材料;撤销奖励的有关材料等	
第八类 处分材料	涉纪涉法材料	处分决定,免予处分的意见,上级批复,核实(调查、复查)报告及主要依据与证明材料,本人对处分决定的意见、检查、交代及情况说明材料;解除(变更、撤销)处分的材料;检察院不起诉决定书;法院刑事判决书、裁定书;公安机关作出行政拘留、限制人身自由、没收违法所得、收缴非法财物、追缴违法所得等的行政处理决定等	1. 处分决定; 2. 刑事判决书、裁定书,释放证明; 3. 公安机关行政处罚决定

(续表)

目录清单分类	材料类别	材料收集范围	常见参考资料
第九类 录用、任免、聘用、转业、工资、待遇、出国、退(离)休、退职材料及各种代表会代表登记表等	工资、待遇材料	新增人员工资审批表、转正定级审批表,工资变动(套改)表、提职晋级和奖励工资审批表或工资变动登记表,工资停发(恢复)通知单;享受政府特殊津贴的材料;解决待遇问题的审批材料;工资调整(技术定级)相关材料	1992年10月1日前招工的初始转正定级审批表,大、中专毕业生转正定级表,退伍军人、转业军队干部、初次参加工作的硕士以上研究生工资定级表
	任免、调动、授衔、军人转业(复员)安置、退(离)休材料	干部任免审批表及相应考察材料;干部试用期满审批表;公务员登记表,参照公务员法管理的机关(单位)工作人员登记表;公务员调任审批(备案)表,干部调动审批材料;援藏、援疆、挂职锻炼登记(推荐)表;授予(晋升)军(警)衔、海关官衔、法官和检察官等级审批表;军人转业(复员)审批表;退(离)休审批表等材料;退伍相关材料;职工调动相关材料	1. 《公务员登记表》《参照公务员法管理的机关(单位)工作人员登记表》; 2. 1995—2009年原市人事局及2009年后市人力社保局批准调京干部《调动人员情况登记表》,原市劳动局批准调京工作《申请调动工作登记表》《职工调京审批表》,国家人力资源和社会保障部、中组部批准调京干部的批准函复印件,其他外埠转为京籍城镇人员身份证、户口本复印件及进京相关材料,失业人员须有当地劳动保障部门的失业证明; 3. 《军队干部复员审批表》《转业审批表》; 4. 《义务兵退出现役登记表》《士官退出现役登记表》《北京市城镇退役士兵自谋职业协议书》; 5. 机关、事业单位调出人员行政、工资介绍信原件或复印件(加盖公章)
	出国(境)材料	因公出国(境)审批表,在国(境)外表现情况或鉴定等材料;外国永久居留证、港澳居民身份证等复印件	
	党代会、人代会、政协会议、人民团体和群众团体代表会议、民主党派代表会议形成的材料	委员当选通知或证明材料,委员简历;代表登记表等	

(续表)

目录清单分类	材料类别	材料收集范围	常见参考资料
第九类 录用、任免、聘用、转业、工资、待遇、出国、退(离)休、退职材料及各种代表会代表登记表等	招录、聘用材料	录(聘)用审批(备案)表;选调生登记表及审批材料,选聘到村任职高校毕业登记表;应征入伍登记表,招工审批表;取消录用、解聘材料;知青相关材料;劳动合同相关材料;集体转全民相关材料;自谋职业相关材料	1.《吸收录用干部审批表》《"以工代干"人员转干审批表》; 2.《聘用干部审批表》、续聘和解聘材料; 3. 录用公务员审批表; 4.《非京生源大学生"村官"落户审批表》《"村官"助理履职登记表》《北京市大学生"村官"合同期满考核登记表》; 5.《应征公民入伍登记表》《入伍通知书》《参军入校登记表》; 6. 1996年8月以前参加工作的招工审批表、《北京市技工学校毕业生分配表》、1996年9月以后参加工作的《北京市城镇人员就业登记卡》《北京市城镇失业人员就业登记卡》《北京市就业失业人员登记表》; 7.《招收家居农村退休子女审批表》、农转工人员的身份证、户口本复印件及《占地农转工人员招工审批表》,自谋职业经过公证的自谋职业协议书;农转非的转非证明、转非自谋职业登记表和身份证、户口本复印件; 8. 知识青年插队工龄审批表及相关证明; 9. 1979年4月27日—1988年12月31日期间从事临时工作的《城镇待业青年工龄审批表》; 10. 合同工转固定工审批表; 11. 1992年10月前《合同制工人劳动手册》; 12. 在本市从事过特殊工种经原劳动部门确认的特殊工种名录(复印件)及个人的特殊工种登记表

(续表)

目录清单分类	材料类别	材料收集范围	常见参考资料
第九类 录用、任免、聘用、转业、工资、待遇、出国、退(离)休、退职材料及各种代表会代表登记表等	辞职、辞退、罢免材料	自愿辞职、引咎辞职的个人申请,同意辞职决定等材料,责令辞职的决定,对责令辞职决定不服的申诉材料、复议决定;辞退公务员审批表、辞退决定材料;罢免材料;自动离职处理决定;终止(解除)劳动合同、离职、辞职等相关材料	个人辞职报告及单位同意辞职决定、除名决定、自动离职处理决定、辞退决定
	社会保险相关材料	社会保险材料	办理失业登记的终止、解除劳动(聘用)合同或工作关系证明、失业申请书、《失业人员登记表》《档案转移人员情况表》《北京市失业人员申领失业保险金登记表》《北京市失业人员失业保险金停发通知单》《停止领取失业金证明》《灵活就业社会保险补贴申请表》《停止灵活就业社会保险补贴情况表》《自谋职业(自主创业)社会保险补贴申报审批表》《停止自谋职业(自主创业)人员享受社会保险补贴审批表》
第十类 其他可供组织上参考的材料	健康检查和处理工伤事故材料	录用体检表,反映严重慢性病、身体残疾的体检表;工伤致残诊断书,确定致残等级的材料,工伤事故结论通知书,劳动能力鉴定结论通知书	
	治丧材料	生平,非正常死亡调查报告等材料	
	人事档案转递、认定材料	人事档案有关转递、认定情况说明材料	《自持档案材料认定申请书》《社会保险视同缴费情况认定书》《新建人事档案申请审批表》《档案材料清单》
	其他材料	毕业生就业报到证(派遣证),人事争议仲裁裁决书(调解书),公务员申诉处理决定书(再申诉处理决定书、复核决定),申请生育服务证登记表,子女《出生医学证明》、独生子女父母光荣申请表、领取独生子女一次性奖励费相关证明,再生育子女申请审批表等有参考价值的材料,掌握国家机密人员的《保密协议》,工会会员相关材料	1. 《全国普通高等学校毕业生就业通知书》《全国毕业研究生就业通知书》; 2. 2008年后经市人力社保局批准进京的非北京生源毕业生《进京审批表》

任务三 综合实训

一、任务要求

通过填写表格回顾本项目的学习内容和技能。

二、实训

【实训名称】回顾本项目学习的收获

【实训目的】系统回顾课堂知识,加深印象;培养学生勤于思考和总结的习惯。

【实训内容】认真填写下列表格。

回顾本项目学习的收获			
项目名称			
学号姓名		训练地点	训练时间
我从本项目学到的三种知识或者技能			
完成本项目过程中给我印象最深的两件事情			
一种我想继续学习的知识或者技能			

(续表)

考核标准	(1) 课堂知识回顾完整,能用自己的语言复述课堂内容; (2) 记录内容和课堂讲授相关度较高; (3) 学生进行了认真思考。		
教师评价		成绩	

【实训要求】

(1) 仔细回想本项目所学内容,若有不清楚的地方,查看相关知识链接。

(2) 本部分内容以自己填写为主,不需过于注意语言的规范性,只要能分条说清楚即可。

项目三

人事档案的鉴别和整理

教学目标

知识目标

① 了解人事档案鉴别工作的内容及意义;
② 掌握人事档案鉴别工作的方法和要求;
③ 了解人事档案整理工作的内容和意义;
④ 明确人事档案整理工作的范围和要求;
⑤ 掌握人事档案整理工作的五道工序,尤其是分类、排列和编目的原则及方法。

能力目标

① 能准确地区分人事档案和非人事档案材料;
② 能根据相关法规和单位实际情况,制定人事档案鉴别制度;
③ 能按照一定的原则和方法对人事档案材料进行整理;
④ 能编制分类准确、排列有序、目录清晰的人事档案目录。

案例导入

人事档案整理工作总结

人事档案整理工作已接近尾声,现从以下四方面对自己的工作作总结汇报:第一,近两个月的主要工作;第二,整理工作中存在的问题及解决办法;第三,主要问题产生的原因分析;第四,本次人事档案整理工作的意义。

从 2011 年 3 月 1 日来总部报到,至今已历时 50 天时间,其间,在张志英同志的倾力协助、支持和关心下,把公司本部人员、漳电分公司、河津分公司、宁夏、华泽等单位副处级以上人员的档案共计72本进行了审核、补充和整理。同时,还对其他单位的档案管理人员进行了培训、指导、具体帮带、辅助整理等工作。受培训人员达10多人,培训时间贯穿整个整理过程,随来随培训。

在整理过程中,每份档案都有不同程度的短缺材料。我们补充完善了1 200多份材料,复印了800多份原件,补作《干部任免审批表》400多份,在作表时查找相关文件资料400多件,补盖公章1 200多个。因为审批表、复印件需加盖公章,张工多次去北京或到原单位补盖,或托人顺带补盖等,千方百计地完成工作。

之后,通过准确分类排列、认真编写类号、顺序号和页码、打印目录、裁剪修补、整齐装订,使近80份档案完美上架。一份档案不经过10次以上的反复是上不了架的,我们就利用周末或晚上加班时间来完成。

一、整理过程中发现的主要问题

(1) 年龄出现多个版本,随意更改;

(2) 姓名随意更改,多用同音字;

(3)《干部履历表》多年不填写,填写了的存在不规范问题,有的缺照片,有的缺本人签字,有的缺机关盖章;

(4) 在应审计的岗位上工作过的干部,没有审计报告或结论性的审计材料(普遍没有归档);

(5) 挂职人员、培训人员、出国人员所需的鉴定、成绩、审查表等普遍缺少;

(6) 受奖干部缺少登记表、审批表,只是提供了奖状复印件;

(7) 普遍缺《干部任免审批表》,有的干部已是副处级甚至以上,竟没有一张任免表;有的离开原来单位十多年,职位多次变动,任免表还停留在原单位仅有的几张。

二、采取的主要解决方法

(1) 对年龄的确认,我们依据档案里最早出现年龄的那份材料(一般是《入团志愿书》),再参考本人身份证,如果相差不过2个月,就与其身份证保持一致,尽量不给其以后的生活造成麻烦。对于相差一年或两年的,则严格依据最早的那份材料来确认。

(2) 对姓名中出现多音字的,请其出示更改姓名的证明;如果不曾更改的、只是自己随意写的,则需填写《档案中存在的问题》。

(3) 对于缺少《干部履历表》,已无法重新组织填写的,只能成为遗憾。有《干部履历表》但缺照片、本人签字的,我们尽量找本人索要相近时代的照片补贴上去,需补盖审查机关公章的,去原单位补盖,并指导其规范填写新的履历表。

(4) 向参加过培训、受过奖励的人员索要培训证书、奖状等原件进行复印,并在复印件上加盖人力资源部公章,填写复印人姓名。

(5) 对于《干部任免审批表》的补作，我们是在人力资源部及党群部门配合下，查找当年的文件，主要依据其文号、时间、任免内容，找出本人的简历，重新制作相应的任免表，并补盖相关部门的公章。

三、问题存在的原因

(1) 出生日期的前后不一致，有的是阴阳历、采用虚岁等不同习惯造成的，也有的是笔误，还有个别人为满足入学、参军或参加工作所必需的年龄条件而有意所为。

(2) 姓名出现同音字，是历史原因造成的，在没有居民身份证的年代，人们对自己的名字随意换用与其同音的字。

(3) 对于《干部履历表》的缺失及不规范，审计报告、培训成绩、鉴定表、奖励人员登记表、出国人员审查表、干部任免审批表等材料的缺失，主要原因在于人事档案管理部门没有及时组织填写并收集归档。一般员工、干部不了解人事档案，没有归档的意识。因此，主动及时地收集应归档材料是人事档案管理人员责无旁贷的工作。

我认为造成这种状况的原因是各单位对人事档案管理的不重视。大多数兼职人员没有时间和精力来分管这块，而且这块的制度也不健全，导致人事档案材料不能及时归档和完整归档，已有的人事档案杂乱无章地尘封在铁皮柜里，多年无人问津。

我们在整理档案的过程中，感到最费时、费力的就是补充、收集缺少的材料，只要材料齐全，整理工作就是既快又轻松的。

四、想法及建议

(1) 首先要设岗，由专人负责人事档案管理工作，制定完善人事档案的收集归档和整理制度，并督促制度的落实。

(2) 加强宣传工作，提高本人及材料形成单位人员的归档意识，变被动为主动。

(3) 加强与材料形成单位人员的联系沟通，及时收集应归档材料。例如，在人力资源部登记了参加培训人员、参加资格、职称考试人员、出国人员、受奖励人员名单，人事档案管理人员就要第一时间联系这些人，索要相关材料并及时归档。

通过这次人事档案整理以及对各分公司档案人员的培训，公司本部及各分公司的档案整理工作得以全面展开。对尘封多年的档案进行审核、补充、整理，全面解决了历史遗留问题，并及时查找原因对策，总结经验教训，为以后的人事档案工作步入正轨打下了坚实的基础。

资料来源：《2012年档案整理工作总结报告》，http://wenku.baidu.com/link? url＝Ty59x8K9b0MQc5fdBN－sI9VbsWLo1xE8IF_FiflloORCA7zUYAjiTFFc-UmdT4GknH0iOkn-x_FJ5dwwOxawh0dXozDdK9WVRxAtksxWyHy3。

思考：通过阅读以上人事档案整理工作总结，分析整理工作中常见的问题及产生原因，讨论解决方法。针对人事档案管理的现状，探讨人事档案规范化、科学化的管理思路。

任务一　人事档案的鉴别

一、任务要求

了解鉴别工作的意义,能够准确地区分人事档案和非人事档案材料,掌握人事档案鉴别工作的内容和方法。

二、实训

【实训名称】"请把我带回家"

【实训目的】掌握人事档案鉴别工作的内容,能够准确地区分人事档案和非人事档案材料。

【实训步骤】

(1) 提供材料名称:

干部履历表	职业资格证书
高等学校招生考生报名登记表	资格考试登记表
学生证	健康体检表
准考证	审查结论
在校学生登记表	处分决定
学习成绩表	单位立户登记表
"三好学生"证书	单位委托保存人事档案合同书
《人事档案管理》课程试卷	单位信息变更申请表
毕业综合作业/论文/毕业设计	单位销户申请书
顶岗实习报告	档案转递通知单
报到证(派遣证)	档案材料清单(目录)
毕业生登记表	存档人员登记表
毕业证、学位证	高校毕业生生育情况证明
3份入党申请书	用人单位招用人员就业登记表
入党的政历审查材料	档案审核登记表
入党思想汇报	档案转递花名册
支部会议讨论记录	档案材料收集归档登记表
干部任免审批表	委托保存人事档案缺少材料告知书
出国护照	

(2) 以小组为单位,认真鉴别所给的材料,将人事档案材料装入档案袋,并对非人事档案材料作相应处理;

(3) 每个小组派代表发言,展示材料归类成果。

【实训要求】

步骤1提供材料名称及示例表单,给学生感性的认识;步骤2要求各小组做好分工,根据人事档案的定义及属性特点,讨论所给材料是否属于人事档案材料,将属于人事档案的材料装入档案袋,并对不属于人事档案的材料进行合适的处理(转、退、留、毁);步骤3要求每组派代表展示归类成果并加以解释。

三、相关知识链接

人事档案鉴别是指按照一定的原则和方法,对收集的档案材料进行审查,甄别其真伪、判断其有无保存价值,确定是否归入人事档案。

(一) 鉴别工作的意义

人事档案材料的鉴别工作是归档前的最后一次审核,决定着人事档案材料的命运。鉴别工作的好坏,直接决定着人事档案质量的优劣和能否正确地发挥作用,对贯彻和落实人事政策也有一定的影响,是维护人事档案真实性和完整性的重要手段。

1. 鉴别是对文件材料进入人事档案的最后关口

收集来的文件材料是杂乱无序的,有的属于人事档案材料,有的属于非人事档案材料;有的内容真实准确,有的内容不实有误;有的材料齐全完整,有的缺头少尾;有的具有查考价值,有的则毫无用处;有的材料手续完备,有的则手续不全;有的观点鲜明,有的则含糊其辞。如果良莠不齐,有文必档,势必使人事档案臃肿庞杂,影响人事档案的质量、保管和查找利用。因此,应对收集来的材料进行认真鉴别,取舍有据,玉石分开。

2. 鉴别是系统整理的基础和前提

对收集来的文件材料进行审核、辨别,去伪存真,将具有使用价值和保存价值的材料归入人事档案,将不应归档的材料剔除、销毁或转交有关部门处理,是进行系统整理的基础和前提。如果略去这一环节,不该归档的没有清理出去,该归档的又没有收进来,很可能因材料杂乱而影响整理工作的速度和效率;因错归错放而影响人事档案的质量和作用的发挥,甚至影响后面的诸环节,造成整个工作的全部返工,欲速则不达。

3. 鉴别有利于人事档案其他工作的开展

鉴别对人事档案其他工作的开展也具有积极的促进作用。鉴别可以促使档案人员重视人事档案材料的质量,能发现哪些材料不全,以便及时收集和补充,同时还可以提高收集工作在来源上的质量,不至于把一些不必要的、没有价值的材料都收集起来。通过鉴别,把那些不需要归档的材料剔除出去,减少档案材料的数量和厚度,可以节约库房面积,改善保管条件,有利于人事档案的保管工作。鉴别工作中如果能做到取舍恰当合理,就能保证人事档案的真实性和精炼性,方便查找和利用,为组织、人事工作提供准确的依据。

4. 鉴别是正确贯彻人事政策的一项措施

由于过去历次政治运动和工作中的错误和偏差,特别是在"文化大革命"中,曾把一些污蔑不实、无限上纲的材料装入人事档案,直接影响了对相对人的选拔使用,挫伤了他们的积极性。通过鉴别,将已装入人事档案中的虚假不实材料剔除出去,使保存下来的人事档案材料真实可靠,方能消除隐患,为落实人事政策提供正确的依据,更好地为人事工作服务。

5. 鉴别有利于应对突发事件

战争、水灾、火灾、地震等天灾人祸往往突发性强,难以预料。如果通过鉴别,能对人事档案价值进行区分,一旦遇到突发事件,可以及时、迅速地将重要档案进行抢救、保护和转移。否则，如果不区分有无价值及价值大小，遇到突发事件就会束手无策，不能及时地抢救珍贵和具有重要价值的人事档案，导致玉石俱毁。

（二）鉴别工作的内容

鉴别工作是一项政策性很强的工作，必须遵循"取之有据、舍之有理"的原则。归入人事档案的材料要有依据，符合有关规定；决定剔除的材料要有足够的正当理由，尤其是准备销毁的材料，必须慎之又慎，切不可草率从事。人事档案鉴别工作的内容大致包括以下几个方面：

1. 判断材料是否属于人事档案

由于各种原因，人事档案管理部门收集的材料有些是人事档案材料，有些则属于文书、业务考绩或案件等档案内容的材料。有的档案材料应该归档，有的应该归本人保存，有的则应转交有关部门处理。鉴别工作的任务之一就是将人事档案材料和非人事档案材料严格区分开来，各归其位。

例如，党和国家领导人的信件、讲话、工作报告、请示报告、来往文书、会议记录、汇报材料信函等属于文书档案；著作、论文、技术工作小结、工作量登记表等属于业务考绩档案；入党入团时的支部会议讨论记录、预备党员考察表和申请人阶段性思想汇报材料、未被批准的入党入团申请书应分别由员工所在单位的党团基层组织保存；学生证、毕业证、职业资格证、会员证、出国护照、奖状、任命书等各种证件以及不作为结论依据的个人信件、日记等应退还本人。

2. 判断材料是否属于本人

以个人为立卷单位是人事档案的属性之一。通过鉴别，核实清楚人事档案的对象，避免因同名同姓而张冠李戴、错归错装，或一人多名而将档案材料身首异地。

（1）同名异人。我国同名同姓的人很多，稍有不慎，容易将这个人的材料装入另一个人的档案中，而且很难发现。防止上述错误的有效方法是逐份地认真核对材料，尤其是查看籍贯、性别、出生年月、工作单位、入党（团）时间、参加工作时间、家庭成员和主要社会关系、学历、职务、工资级别等情况是否相同，主要经历是否一致。同姓名的人只会在某些方面相同，不会所有情况都一样，尽可能多看些项目，仔细核对，互相印证，就能区别开。一旦发现同名异人的材料，应及时取出并注明原因。

（2）一人多名。有的人在不同时期有不同的名字，如乳名、学名，还有人有字号、笔名、化名、别名，如果不认真辨认，就很容易使同一个人的档案材料身首异地，给查找和使用带来困难。辨别这种情况的方法有三种：第一，核对后期材料姓名栏内的曾用名，是否有与前期原名相同的名字；第二，清查档案内是否有更改姓名的报告和审批材料；第三，将不同姓名的材料内容进行核对，看看每份材料的年龄、籍贯、经历等情况是否相同。

（3）有关而实属他人的材料。有些材料从形式上看好似是此人的，其实是他人的材料。例如，材料是此人写的，但内容是别人的事；材料中提及此人，却是他人的材料。对于这种材料，要从其内容和用途去辨认。从内容上，无论材料是什么人形成的，只要材料内容叙述是此人的问题并与其人事档案中的其他材料有内在联系，彼此不可分割，这就是此人的材料。从用途上看，形成材料是为了什么目的，一份调查、证明材料、揭发检举材料，看是调查谁、证明谁和揭发谁的问题，就是谁的材料。

3. 判断材料是否符合归档条件

《干部人事档案材料收集归档规定》第三十二条指出:"干部人事档案管理部门必须严格审核归档材料,重点审核归档材料是否办理完毕,是否对象明确、齐全完整、文字清楚、内容真实、填写规范、手续完备。"可见,鉴别工作还要求归档的材料符合下列条件:

(1) 真实准确。

真实性是人事档案的生命。人事档案工作必须实事求是,来不得半点虚假和含糊。在鉴别工作中,一旦发现内容不实、观点不明、表达含混不清或相互矛盾的材料,应立即退回形成单位核实或修改。

人事档案材料的真实准确,贯穿于整个材料的形成过程,通过鉴别虽然不能从源头上解决,但可以将不真实、不准确的材料拒之于归档大门之外。日常工作中不真实、不准确的材料主要有:① 伪造的材料。极少数人通过各种非法手段,将伪造的虚假学历、履历材料甚至入党材料塞进人事档案中而迅速发迹起来。一经发现伪造材料,无论归档与否都要剔除并销毁,还应依据《中华人民共和国档案法》及相关法规追究造假者的法律责任。② 涂改的材料。有个别人涂改学历证明材料的姓名;把初级职称改为中级职称;涂改"三龄"材料,像弹簧一样,年龄越改越小,工龄、党龄越改越长。如发现涂改材料要立即纠正,恢复其本来面目,并追究涂改者的责任。③ 内容不准确、不真实的材料。如历次填表中前后数据不一致的材料,考察考核材料中夸大业绩或隐瞒缺点的材料;相互矛盾或前后不一致的证明材料和检查、交代材料等,应查证核实或退回本人。④ 观点不明确的材料。人事档案材料所体现的观点必须客观明确,不能模棱两可,更不能自相矛盾。鉴别时,应通观材料内容,凡发现观点不明确或自相矛盾的材料,都不能归入人事档案。例如,《干部任免呈报表》中呈报拟任某人为某种职务或另一种职务,审查机关的意见是"同意",究竟是同意哪个职务观点不明确,因此,需要退回审批机关,注明后再归档。⑤ 不能作为依据的无效材料。例如,国家不承认学历范围的学校颁发的学历证明材料;个人为证明某一情况或问题私自索要的证明材料;只是意向与讨论研究某人拟任某职,并未上报审批,或上报审批未批准的材料。鉴别时,要掌握有关政策规定,对无效材料可退回形成单位或本人,也可集中登记后予以处理。⑥ 未经核实的举报材料。举报材料中往往有事出有因、不易落实的材料,甚至是有水分和虚假或诬陷的材料,因此,凡是未经核实的举报材料一律不得放入人事档案。对违反规定的行为,要有责任追究制度。

(2) 齐全完整。

维护档案材料的齐全完整是贯穿档案管理全过程的任务之一。收集是保证档案材料齐全完整的前提,鉴别是检验档案材料是否齐全完整、促进档案材料齐全完整的重要手段。档案材料齐全完整包含三方面的含义:① 一个人的人事档案材料要全部集中在一起,以反映其全貌,清晰地反映其经历、德能勤绩等方方面面的情况。② 材料系列是否齐全完整。一个人的档案材料不是孤立的,相互之间有着历史的、内在的联系,相互依存,互为补充,构成一个完整的有机体系。例如,一个人的入党材料一般包括入党申请书、转正申请书、入党志愿书;政审材料一般包括审查结论、调查报告、上级批复、主要证明材料、本人交代和对结论的意见;处分材料一般包括上级批复、处分决定(或免予处分的决定)、调查报告、本人检讨或对处分决定的意见、必要的证明材料。鉴别时,若发现材料系列不完整,应及时采取措施,通过有关渠道收集,迅速补充起来,以保证材料系列的完整性。③ 一份材料的内容和外形是否完整。从内容上看,一份材料应有头有尾,落款、署名、时间等特征具备;从外形上看,没有缺页、破损、霉烂变质或字迹模糊不清的现象。例如,一份鉴定材料一般都应有自我鉴定、小组鉴定、组织鉴定;审查结论和处分决定一般都与本人见面,本人在结论或处分决定上签字与表示意见是不可缺少的内容。鉴别时,应仔细审阅材料的各个组成部分及外形。对于头尾不清、来源不明、缺少时间注明、本人或机关未签名盖章的材料,尽可能地查清注明或补办手续;破损、霉烂或字迹模糊的材料应及时抢救,进行复制、裱糊和技术加工;对那些一时查不清、内容不重要、参考价值不大以及无法使用的破损文件材料,不予归档。

(3) 规范精炼。

规范是指归档材料应合乎以下标准:① 文体与结构程式、附加标记与格式安排符合制发单位的要求。② 人事档案材料的载体使用国际标准 A4 型(297×210 mm)的公文用纸,材料左边留出 2—2.5 cm 装订边。③ 字迹材料应符合档案保护要求,文字须是铅印、胶印、油印、打印或用蓝黑墨水、黑色墨水、墨汁书写,不得使用圆珠笔、铅笔、红色墨水、纯蓝墨水或复写纸书写。④ 文字可用正式公布的简化字,但不可自造简化字,字迹要清楚,不得涂抹和勾画,名字要固定,不能用同音字代替。⑤ 归档材料一般应当为原件,证书、证件等特殊情况需用复印件存档的,必须注明复制时间,并加盖材料制作单位公章或人事关系所在单位组织(人事)部门公章。

保持人事档案精炼的方法是剔除重份材料或内容重复的材料,不能说明问题或没有保存价值的材料不归档。无论是正本还是副本,只需保留一份,多余的材料在鉴别时可以剔除。例如,有的人在入党前写了多份入党申请书,鉴别时,可以选取其中内容最完整、字迹最清楚的两份分别归入正本和副本中(无副本的只选一份)。政治历史问题的审查或犯错误受处分时,往往形成一些似是而非、模棱两可,不具有可靠性、不能作为依据的材料,或者内容空洞、随着时间推移而丧失继续保存价值的材料,如"一事多证"或"一人多证",其中,不具有保存价值的材料都可以不保存。鉴别时,不能孤立地看某一份材料,应从材料系列及其相互的有机联系中全面分析和判断其有无保存价值。

(4) 办理完毕。

办理完毕(即处理完毕)是指文件材料完成了它的制作程序或处理程序。正在办理过程中或者没有结论、结果的敞口材料,不能归入人事档案。

未处理完毕的材料一般有两种情况:① 可以办理完毕但因某些原因仍未办理完毕就归入档案的材料。鉴别中,发现重要问题须查清而未查清的、未办理完毕的材料,应交有关部门、组织处理。例如,干部履历表中填表人未签名或审批机关未盖章,应退回主管部门办理完毕后再归档。② 无法继续处理的材料。材料未办理完毕且因形成时间久远、形成单位已撤销、涉及问题无法查清的,可从人事档案中撤出,视其价值,转至人事主管部门保存,以备查考。

(5) 手续完备。

手续完备是人事档案的属性之一,也是材料归档的必备条件之一。凡规定需由组织盖章的,要有组织盖章。审查结论、处分决定、组织鉴定、民主评议和组织考核中形成的综合材料,应有本人的签署意见或由组织注明经过本人见面。《干部任免审批表》须注明任免职务的批准机关、批准时间和文号。出国、出境审批表须注明出去的任务、目的及出去与返回的时间。凡不符合归档要求、手续不完备的档案材料,须补办手续后再归档。

人事档案材料从形成的角度来区分,一般有四种:① 本人撰写的材料,如自传、入党入团申请书、个人检讨交代材料等,除在内容上完整外,材料上应有形成时间、撰写人签名或盖章,才是手续完备。② 本人填写后由组织审批形成的材料,如入党志愿书、党员登记表、干部履历表、考核鉴定表等,属于本人填写的内容要按规定的格式和要求逐项填写完毕,有关组织或负责人审查后签署审查意见、时间,并加盖公章,才是手续完备。③ 个人或单位出具的证明材料。凡由单位出具的证明材料应签署证明时间、开具证明的单位名称并加盖公章;个人写的证明材料,除证明人签名或盖章、注明时间外,还应由本单位支部负责人审阅,并在材料上注明证明人的政治情况(不要在证明材料上批注断语,如"可靠""仅供参考"之类的词句),并加盖公章,如系两页以上的证明材料,请在材料纸的右侧加盖骑缝章,才是手续完备。④ 组织直接形成的人事档案材料,如干部任免呈报表、职称评定审批表、出国人员审查表、审查结论等,须有呈报单位意见和上级单位审批意见,方可生效。

总之,鉴别人员必须认真地贯彻执行人事档案工作的有关规定,严格遵守安全保密制度,严防泄漏人事档案材料的内容。在鉴别材料的过程中,须做到逐页逐项地核对材料内容和有关信息,尤其要注意"三龄两历":对档案中涉及的出生时间、入党时间、参加工作时间和学历学位、工作经历信息前后记载不一致的,在没有组织出具的更改证明的前提下,出生时间、参加工作时间以档案中最早记载为准;入党时间以支部大会讨论通过的时间为准;涉及学历学位档案记载与本人填写不一致的,人事档案部门向有关部门人事干部反映,催要本人学籍材料;涉及干部出生年月、参加工作时间变更问题的,须报人事处审核批准。同时,还要加强对档案材料的管理,注意档案中散件的保存,对抽出及补充的材料要及时登记、送交,以免遗失。

(三) 对不在归档范围内材料的处理

通过鉴别,将属于本人的、符合归档要求的人事档案材料归入人事档案中,不在归档范围内的材料也应根据不同情况妥善处理,各归其位。这既是鉴别环节的善后工作,也是使收集来的每份材料各得其所的最后一道工序。

1. 转出

经鉴定确实不属于员工本人的材料,或是不应归入人事档案的材料,均应转给有关单位部门保存或处理,转出时要写好《转递材料通知单》。

2. 退回

凡新近形成的档案材料,手续不够完全或内容尚须查对核实,应提出具体意见,退还有关单位,待修改补充后再交回。凡应退还本人的材料,经领导批准后退还本人,并履行登记、接收人清点与签名盖章等手续。

3. 留存

对于不属于人事档案范围而又有价值的材料,经过整理后可作为组织、人事部门的业务资料予以保存。

4. 销毁

经鉴别确实没有保存价值或重份的材料,应按有关规定履行相应手续后作销毁处理。销毁材料是一项严肃而又谨慎的工作,必须有严格的制度。凡是准备销毁的材料,必须仔细审查、逐份登记,写明销毁理由,经主管领导批准后,方能销毁。档案销毁制度一般应包含以下内容:① 销毁的档案必须是经过严格的鉴定程序鉴定后,确认失去保存价值的档案。② 销毁档案应编制《档案销毁清册》,写出销毁档案报告,报请主管机关或上级档案管理机关批准。未经鉴定和领导批准,不得擅自销毁档案。③ 对已经批准销毁的档案,如无特殊情况,一般可存放一段时间再行销毁(暂缓执行)。④ 销毁档案应指派两名以上人员监销,监销人员要认真履行职责,并在《档案销毁清册》上签名盖章,注明"已销毁"字样和销毁时间、地点、方式。⑤ 销毁档案数量较大,要送交指定的工厂进行监销,严禁出卖或改作他用。⑥《档案销毁清册》及批准手续归入相关的全宗卷妥善保存。

> **小实例**
>
> **人事档案鉴别制度**
>
> 为维护人事档案的真实性和完整性,特制定人事档案鉴别制度。
>
> 一、以法律为依据和准绳,做好人事档案的鉴别工作。做到鉴别准确,取舍得当,手续完备,归档及时。
>
> 二、鉴别的时候,要对档案严格审核和确认,慎重对待材料取舍,必须保证档案的真实、完整、精炼和实用。
>
> 三、从人事档案中剔除的材料,必须由专人审核把关。不属于归档范围的材料,没有保存价值、重复无用或不实的材料,登记造册,一定要报送主管领导批准后,再作销毁。
>
> 四、不在归档范围的必须还给本人的档案,应开列详细清单,经领导批准,个人签名或盖章后,退还给本人。
>
> 五、应该归档但不符合要求的材料,应退回材料形成部门,提出意见,进行修正,退回是有时间限制的。
>
> 六、伪造或涂改档案内容的材料,应及时清除,告知领导,追究责任,作出处罚。
>
> 资料来源:《辽源市地方税务局干部人事档案工作制度》,http://www.jlds.gov.cn/ly/newsshow.php?cid=463&id=7889

任务二 人事档案的整理

一、任务要求

了解人事档案整理工作的内容和意义;明确人事档案整理工作的范围和要求;掌握人事档案整理工作的五道工序,尤其是分类、排列和编目的原则及方法。

二、实训

【实训名称】编写人事档案目录

【实训目的】明确人事档案整理工作中的分类、排列和编目的原则及方法,同时考查学生对人事档案属性及收集归档范围和鉴别要求的掌握程度。

【实训步骤】

(1) 新建一个 Excel 工作簿,并以"学号-姓名"命名。

(2) 根据人事档案十大类材料的分类标准,在 sheet1 中列出可归入每类材料下的人事档案材料名称,注明该类材料的排列方法,并将 sheet1 命名为"人事档案材料分类";

(3) 在 sheet2 中为某一个人编写人事档案目录,并将该工作表命名为"×××人事档案目录";

(4) 提交作业。

【实训要求】

步骤2要求包括"类号""类别名称""材料名称""排列方法""备注"5个栏目,尽可能地考虑到不同身份人员的档案材料。步骤3要求能按基本要求编制人事档案目录,做到分类准确、排列有序、目录清晰;同时能熟练运用 Excel 软件,注意边框、字体、字号设置,并会使用冻结窗格、打印标题等操作,编制的表格内容完整、合理美观。

三、相关知识链接

人事档案整理工作是指依据一定的原则、方法和程序,对收集起来并经过鉴别的人事档案材料,以个人为立卷单位进行分类、排列、编码、登记、技术加工等,使之条理化、系统化,并组成有序体系的过程。

(一) 整理工作的意义

1. 人事档案条理化和系统化的途径

未经整理的人事档案材料处于孤立、杂乱、无序的自然状态,只有经过整理,化零散为系统,化无序为有序,以个人为单位构成一个有机体,才能实现人事档案的条理化和系统化,才能清晰地反映一个人的经历及德能勤绩等各方面的情况。

2. 维护人事档案齐全完整的手段

经过整理,将一个人的档案材料装订(或装袋)在一起,可以避免档案材料的散落丢失,维护人事档案的齐全完整。查阅和转递人事档案是经常性的,有时甚至是大量的工作,如果没有经过整理,单份的、散乱的档案材料很容易在查阅或转递过程中放混错装或丢失。

3. 为人事档案的利用提供便利条件

经过整理,人事档案材料被分门别类地组合在一起,排列在固定的位置上,这样可以使利用者在阅档时有规律可循,俯拾即得。整理工作为人事档案的利用提供了便利条件,节省了查找的时间和精力,提高了工作效率。

4. 有利于人事档案的保管和保护

如果未经整理,材料杂乱无序、目录不清,利用时不得不将所有材料一一找出来,从头到尾搜一遍,这样不仅浪费时间,而且加剧了材料的磨损。多次的存放取出,未经任何技术加工,可能使档案材料被撕破或折角,通过整理可以减轻或避免上述现象的发生。因此,整理工作有利于人事档案的保管和保护。

(二) 整理工作的范围

整理工作既是人事档案管理的基础工作,又是一项经常性的工作。人事档案的整理不同于文书档案的整理。文书档案只要分类、组卷、编目后就固定下来了,不允许轻易打乱重整。而人事档案整理后不能一成不变。人事档案具有动态性,随着个人经历的变化,人事档案材料也会不断变化,当这种变化达到一定程度时,已建立的人事档案由于补充新材料就需要重新整理。档案部门对人事档案的整理按工作范围分为以下三种类型:

(1) 对新建档案的系统整理。主要指对那些新吸收人员的档案材料进行整理。这部分档案材料原来没有系统整理,或者没有进行有规则的整理,材料零乱、庞杂,整理起来工作量大，比较复杂。随着各行业各单位新老人员的交替，这部分档案的整理工作应该是连续不断的，因此，必须从思想上提高对这一工作的重视程度，将其列入议事日程，及时地做好新吸收人员人事档案的系统整理工作，以适应人事工作的需要。

（2）对已整理档案的重新调整（补充整理）。由于人事档案的动态性，人事档案的整理工作不可能是一劳永逸的，已整理好的人事档案有时需要增加或剔除一定数量的材料，这就有必要重新整理这部分档案材料，这种整理实际上是一种调整。对于那些零散材料的归档，只需随时补充，不必重新编写目录，只在原有目录上补登即可。

（3）对本单位管理的全部或批量人事档案的集中整理。例如，每年6月底7月初，高校学生档案管理部门会集中时间、集中人力对所有毕业生的人事档案进行集中整理。在新中国人事档案发展史上，因人事工作和人事档案工作自身发展的需要而进行的普遍整理有两次。第一次是1956年，在清理"无头档案"的基础上，针对干部档案杂乱、归档范围不清、未经整理和整理不规范等缺点，根据中共中央组织部颁发的《干部档案管理工作暂行规定》的要求，对干部档案进行了普遍整理，使其更加充实和规范。第二次是1980年，为了落实党的干部政策，清除历次政治运动对人事档案的影响，加强人事档案的管理和使用，对人事档案进行了一次全面清理和普遍整理。

(三) 整理工作的要求

按照《干部档案整理工作细则》（组通字〔1991〕11号）规定，干部档案整理工作的基本要求有以下几个方面：

第一，整理干部档案，须做到认真鉴别、分类准确、编排有序、目录清楚、装订整齐。通过整理，使每卷档案达到完整、真实、条理、精炼、实用的要求。

第二，整理干部档案，事先要收集好干部档案材料，并备齐卷皮、目录纸、衬纸、切纸刀、打孔机、缝纫机等必需的物品和设备。

第三，整理干部档案的人员，必须努力学习党的干部工作方针、政策和档案工作的专业知识，熟悉整理干部档案的有关规定，掌握整理工作的基本方法和技能，认真负责地做好整理工作。

以上要求不仅是对干部档案整理工作的基本要求，也对人事档案整理工作具有重要的指导意义。

1. 人事档案整理应使每个相对人的档案达到完整、真实、条理、精炼、实用

（1）所谓完整，是指将一个人的材料全部集中在一起。每份档案内容完整、时间来源清楚、有头有尾、不缺张少页、手续完备，如果是系列材料，保持档案系列的完整。没有空白和断档现象，才能全面历史地反映一个人的德能勤绩和经历的来龙去脉。

（2）所谓真实，是指档案材料的内容符合本人的实际情况，是经过组织审查认可归档的材料。凡属于污蔑不实的冤假错案材料，似是而非、未经查实的材料，张冠李戴、错装错放的材料，涂抹勾画甚至伪造的材料，一经发现，都应从人事档案中剔除出去，使整理后的人事档案能够真实客观地反映一个人的本来面目。

（3）所谓条理，就是按照有关规定将人事档案材料分门别类、有序排列，并编制目录，使人事档案材料层次分明、有条不紊、井然有序。

（4）所谓精炼，就是在完整、真实的基础上去粗取精，清理出重复的材料、"一事多证、一人多证"的材料、不属于人事档案的材料、丧失保存价值的材料，使人事档案的内容集中、简

洁、精干。

(5) 所谓实用，就是人事档案的整理要以方便利用为出发点，对档案内容的分类、排列和技术加工等都要以便于各项工作的开展为原则。

完整是基础，真实是核心，条理是方向，精炼是手段，实用是目的，以上五个方面是相辅相成的，不能只强调一个方面，而忽视其他方面。

2. 人事档案的整理体系应分类准确、编排有序、目录清楚、装订整齐

(1) 分类准确。分类在整理工作中占有十分重要的地位，分类是否准确，不仅直接影响整理工作的质量，而且影响利用工作的进行。分类准确是整理工作中的最基本要求，如果做不到分类准确，整理工作也就失去了意义。

(2) 编排有序。在分类的基础上，根据不同类别材料的具体情况和实际需要，采用科学的排列顺序，使档案材料在排列上有规律可循，从而达到便于利用的目的。

(3) 目录清楚。每份经过整理的人事档案都应编写目录。目录登记要字迹工整、项目齐全、内容规范、材料形成时间填写无误、材料份数与页码计算准确，目录登记情况与实际档案材料完全相符，目录本身无粘贴、涂改勾画和错别字。

(4) 装订整齐。为了固定档案材料的分类和排列顺序，保护档案材料，整理后的档案要加封面和装订成册，达到表面平整、无脱页漏装、无损坏文字、材料整齐、外观洁净。

(四) 整理工作的步骤

一般来讲，人事档案的整理工作按分类、排列、编目、复制加工和装订验收五个步骤展开。

1. 分类

在对人事档案材料进行分类时，首先对前期鉴别过的材料进行复核，防止不符合要求的材料进入人事档案；然后，按照《干部人事档案工作条例》(2018 年中共中央办公厅印发)所规定的十大类，对人事档案材料进行归类。

(1) 人事档案的分类。干部人事档案分为正本和副本。正本由全面反映一个人的历史和现实情况的全部人事档案材料所构成；副本是人事档案正本主要材料的复制件，具体内容由正本中主要材料的复制件(重复件)构成，详见表 3-1。

表 3-1　干部人事档案正本、副本材料一览表

类　别	归入正本材料	归入副本材料
第一类	履历类材料	近期履历材料
第二类	自传和思想类材料	
第三类	考核鉴定类材料	主要鉴定、干部考核材料
第四类	学历学位、专业技术职务(职称)、学术评鉴和教育培训类材料	学历、学位和评聘专业技术职务的材料
第五类	政审、审计和审核类材料	政治历史情况的审查结论(包括甄别、复查结论)材料
第六类	党、团类材料	
第七类	表彰奖励类材料	奖励材料

(续表)

类别	归入正本材料	归入副本材料
第八类	违规违纪违法处理处分类材料	处分决定(包括甄别、复查结论)材料
第九类	工资、任免、出国和会议代表类材料	任免呈报表和工资、待遇、出国审批材料
第十类	其他可供组织参考的材料	

根据《干部人事档案工作条例》(2018)、《干部档案整理工作细则》(1991),干部人事档案正本材料分为以下十大类。

第一类：履历类材料。

本人填写的以反映个人经历等基本情况的表格材料应归入本类。这些材料都是组织上历次制定、反映个人经历和基本情况、由本人填写、经组织上审查盖章的登记表格。主要包括：《干部履历表》,简历表,干部、工人、教师、军人、学生、流动人员等各类人员登记表。

① 学生就读期间填写的反映本人经历的登记表放第一类,而报考登记表、成绩单和毕业生登记表则归第四类;

② 带自传的履历表与其他自传内容不重复的归第二类;

③ 涉及干部政治问题或记载审查情况的登记表归第五类;

④ 有任免职务内容的登记表归第九类。

第二类：自传和思想材料。

本人所写的有关叙述自己生平经历、思想变化过程、家庭情况、社会关系、社会影响等方面情况的自传及属于自传性质的材料归入本类。主要包括：各类人员本人历次所写的自传,入党(团)申请书中能分开的自传内容材料,叙述个人经历、家庭情况、社会关系的自述(传)材料,有自传内容的历史反省材料,参加党的重大教育活动情况和重要党性分析、重要思想汇报等材料。

① 没有写过自传的,可将含有自传内容较多的入党(团)申请书放第二类,并在档案目录中标明"代自传";

② 组织上要求干部本人交代的有关本人经历、家庭情况或社会关系等材料,凡有专题调查报告、调查材料及结论性意见的材料,应合并一起归第五类;

③ 一般性的科技干部业务自传、技术自传,不归档。

第三类：考核鉴定类材料。

考核鉴定类材料是指各级组织对各类人员个人一贯表现和优缺点进行考察了解评价所形成的,有关其思想品德、学识水平、工作能力、工作业绩、勤政廉政方面的综合评价材料。主要包括：平时考核、年度考核、专项考核、任(聘)期考核,工作鉴定,重大政治事件、突发事件和重大任务中的表现,援派、挂职锻炼考核鉴定,党组织书记抓基层党建评价意见等材料。

① 考核鉴定类材料须经组织人事部门盖章、签署考核人姓名并注明身份方可归档;

② 含有成绩(或有"同意毕业""准予毕业"意见)的毕业生鉴定表放第四类;

③ 短期(半年以下)的总结材料可不归档,领导干部述职报告不归档。

第四类：学历学位、专业技术职务(职称)、学术评鉴和教育培训类材料。

反映各类人员个人学习经历、知识水平、业务能力、专门技术方面的材料归入本类。

其中,第一小类是中学以来取得的学历学位材料,主要包括报考高等院校考生登记表、审查表,毕业生登记表,学习(培训结业)成绩表,学历证明材料,研究生推免生登记表、专家推荐表,授予学位的决定、决议、学位论文答辩决议、博士后研究人员工作期满登记表,选拔留学生审查登记表等参加出国(境)学习和中外合作办学学习的有关材料,国务院学位委员会、教育部授予单位出具的国内外学历学位认证材料等;第二小类是专业技术职务(职称)材料,主要包括职业资格考试合格人员登记表、职业资格证书复印件;专业技术职务任职资格申报表,专业技术职务考绩材料,聘任、套改、晋升、解聘专业技术职务(职称)审批表、登记表;第三小类是学术评鉴类材料,主要包括当选院士、入选重大人才工程,发明创造、科研成果获奖、著作译著和有重大影响的论文目录(目录经组织批注意见并加盖单位公章后方可归档);第四小类是教育培训类材料,主要包括政策理论、业务知识、文化素养培训和技能训练情况等材料。

① 一套完整的学历材料包括报考登记表、学习成绩单、毕业生登记表三部分;
② 毕业证、学位证、职业资格证原件由本人保存,复印件放第四类(登记目录时注明);
③ 下列材料不归档:学生证、各科试卷、毕业论文/设计、实习报告、准考证、入学通知书、论文、著作,评定专业技术职务时本人写的论文、著作、技术报告、技术设计及图纸。

第五类:政审、审计和审核类材料。

通常,在入党、入团、参军、出国或从事特殊职业等情况下需要对有关人员的政治历史情况进行审查。政审材料主要包括:审查干部政治历史情况(包括党籍问题)的调查报告、审查结论、上级批复、本人对结论的意见、检查、交代或说明情况的材料、作为结论依据的主要证明材料,以及甄别、复查结论(意见、决定)、调查报告、批复及有关的依据材料。

审计、审核类材料包括:领导干部经济责任审计和自然资源资产离任审计的审计结果及整改情况、履行干部选拔任用工作职责离任检查结果及说明,证明,干部基本信息审核认定、干部人事档案任前审核登记表、廉洁从业结论性评价等材料。

此外,更改民族、年龄、国籍、入党、入团和参加工作时间的组织审查意见、上级批复以及所依据的证明材料也归入第五类。

① 一套完整的政审材料包括上级批复、审查结论或甄别复查结论、本人对结论的意见及检查交代材料、调查报告、主要证明材料等;
② 因私出国形成的政审材料放第五类,因公出国的政审材料放第九类;
③ 入伍时间批注(证明)、连续工龄审核等材料放第五类;
④ 政审过程中形成的请示报告、信件、调函、索要证明卡片、外调提纲、调查线索、外调介绍信、审查结论和调查报告的草稿、底稿,未经查证的有关干部政治历史问题的检举材料不归档。

第六类:党、团类材料。

《中国共产党入党志愿书》、入党申请书(1—2份全面系统的)、转正申请书、培养教育考察,党员登记表,停止党籍、恢复党籍,退党、脱党,保留组织关系、恢复组织生活等材料;《中国共产主义青年团入团志愿书》、入团申请书;加入民主党派的有关材料。

① 党团材料只归组织已作了结论的正式材料。要求入党、入团期间的思想汇报材料、党小组、支部讨论记录、有关问题的请示报告、审批通知书等不归档;

② 入党申请书最多只归较为全面系统的两份，一般是首尾两份；

③ 未批准或未转正以及取消预备党员资格的入党志愿书由本人所在单位党组织保存，不归档；

④ 凡被开除出党的，其入党材料仍放第六类，但须在入党志愿书封面上注明何时由何机关开除出党。开除出党的处分材料则放第八类。

第七类：表彰奖励类材料。

县处级以上党政机关、人民团体等予以表彰、嘉奖、记功和授予荣誉称号的审批（呈报）表、先进人物登记（推荐、审批）表、先进事迹材料；撤销奖励的有关材料等。如：劳动模范、先进工作者、有突出贡献的优秀专家、国家科技奖（含国家发明奖、自然科学奖、科技进步奖）、中国青年科技奖、优秀党务工作者、优秀党、团员等审批（呈报）表，先进事迹材料、先进事迹登记表，立功、受勋、嘉奖、通报表扬等以及在其他工作中形成的表彰材料。

① 奖励晋升工资审批表应放第九类；

② 班组、车间、连队口头表扬材料不归档；

③ 奖励过程中形成的决定、通告、请示报告属于文书档案，奖状、荣誉证书、纪念册、奖章、勋章由本人保存，不归档。

第八类：违规违纪违法处理处分类材料。

因违犯党纪、政纪、国法和其他错误后由纪检、监察、公安、检察院、法院等有关部门依照法律和法规，对行为过失人给予处分、处罚、惩戒形成的有关材料。主要包括：党纪政务处分，组织处理，法院刑事判决书、裁定书，公安机关有关行政处理决定，有关行业监督部门对干部有失诚信、违反法律和行政法规等行为形成的记录，人民法院认定的被执行人失信信息等材料。

① 政治历史问题与违纪错误混同一起给予处分的结论、调查报告、处分决定等材料放第八类；只有批复或结论而未给予处分，以政治历史问题为主的放第五类，以违纪错误为主的放第八类。

② 离婚判决书放第十类，其他如刑事、行政（治安）拘留、劳教等审批材料放第八类。

③ 纪检查处案件中的处分决定、批复、通知等原稿，索要的调查证明材料、检举揭发旁证材料和司法部门判决书原件、证据、本人交代、侦破方案、审讯笔录等，属于案件档案，不归入人事档案。

第九类：工资、任免、出国和会议代表类材料。

反映有关人员录用、聘用、工资待遇审批、职级变化、退（离）休退职、出国出境、参加各种代表会议的材料归入本类。主要包括：工资待遇审批、参加社会保险；干部任免呈报表（包括附件），录用和聘用审批表；聘用干部合同书，续聘审批表，解聘、辞退材料；退（离）休审批表；军衔审批表，军队转业干部审批表；公务员（参照公务员管理人员）登记、遴选、选调、调任、职级晋升，职务、职级套改，事业单位管理岗位职员等级晋升；出国、出境人员审批表；党代会、人代会、政协会议、工青妇等群众团体代表会、民主党派代表会代表登记表。

① 应征入伍登记表（兵役登记表）、退伍登记表（审批表）、转业干部服预备役报告表，知识青年上山下乡登记表，招工登记表，"以工代干"人员转干审批表、公务员登记表等材料放第九类。

② 以红头文件下发的任免通知不属于干部档案材料的收集范围。但在实际中，有些单位由于干部档案中缺少任免呈报表，而将任免通知归入干部个人档案，按照《干部人事档案

材料收集归档规定》的要求，对已归档的任免通知可根据不同情况进行处理：凡近几年内任免职务的，应填写干部任免表，同时，将任免通知抽出转交文书档案或销毁；因年代久远或单位变迁等原因无法补填任免呈报表的，任免通知可留在档案中。

③ 大、中专毕业生分配报到通知书（派遣证）放第十类。

④ 商调函、调令、出国任务批件等材料不归档。

第十类：其他可供组织参考的材料。

对于不属于前九类但对用人具有参考价值、需要保存的材料归入本类。主要包括：录用体检表，有残疾的体检表、残废等级材料；大、中专毕业生分配报到通知书（派遣证），工作调动介绍信，国（境）外永久居留资格、长期居留许可等证件有关内容的复印件，人事争议仲裁裁决书，死亡通知书、悼词（生平）、讣告、非正常死亡的调查报告及有关情况、遗书等。

① 第十类材料必须精炼且确实有参考价值，不能把第十类当作"回收站"；

② 思想汇报原则上不归档，但反映的思想独特、影响较大的材料可放第十类；

③ 一般性体检表、化验报告和超过五年以上的体检表，结婚证明，探亲报告表不归档。

（2）人事档案的归类。人事档案材料分为十大类之后，应当把每份材料归入相应的类别中，即"对号入座"。一般的方法和步骤是：

第一，看材料的名称。凡是材料上有准确名称的，可以按名称归入所属类别中。例如，履历表、简历表归入第一类；鉴定表归入第三类；任免表归入第九类。

第二，看材料的内容。对于只看名称而无法确定类目归属的材料，应当根据其内容归入相应类别。如果材料内容涉及几个类目，应根据主要内容归入相应类目。例如，学生鉴定表中除了鉴定评语外，还包括各科成绩，从内容上看，学习成绩比重大，应归入第四类。

第三，看材料的价值作用。一般来讲，第九类都是具有凭证价值的材料，第十类是具有参考价值的材料。

2. 排列

排列指的是经过归类后，将每类所含的材料按一定的顺序排列起来。排列的原则是依据人事档案在了解人、使用人的过程中相互之间固有的联系，保持材料之间的系统性、连贯性，且方便利用和不断补充新的档案材料。人事档案的排列方法有三种：

（1）时序法。按材料形成时间的先后进行排序，由远及近，依次排列。采用这种方法，可以比较详细地了解来龙去脉，掌握相对人的成长和发展变化情况，同时有利于新材料的继续补充。适用于第一类、第二类、第三类、第七类、第十类材料。

表 3-2　第一类材料排列

类　号	材　料　名　称	材料形成时间			份数	页数	备注
		年	月	日			
一	履历类材料						
1	在校学生登记表	2000	09	09	1	6	
2	干部履历表	2005	07	16	1	10	

（2）系统法。按材料内容的主次关系、重要程度进行排列，主次分明。适用于第五类、第六类、第八类。其中，第五类和第八类的排列方法基本相同，排列顺序为：上级批复、结论（处分决定）、本人对结论（处分决定）的意见、调查报告、证明材料、本人检讨或交代等。第六类材料的排列顺序为：先分开入党、入团的材料，具体排列时将入团或入党志愿书放在申请书前面。

表 3-3　第六类材料排列

类号	材料名称	材料形成时间			份数	页数	备注
		年	月	日			
六	党、团类材料						
1	入团志愿书	1994	05	01	1	3	
2	入团申请书	1994	01	25	1	2	
3	入党志愿书	2002	12	16	1	12	
4	入党申请书	2001	07	01	1	6	
5	转正申请书	2003	12	01	1	5	
6	党员登记表	2003	12	24	1	5	

（3）混合法。按问题结合时间先后进行排列，即一个类内有几个问题的材料，先按问题分开，在一个问题内按材料的形成时间顺序由远及近排列。适用于一个类别里有多套系列材料的情况，如第四类、第九类。

表 3-4　第四类材料排列

类号	材料名称	材料形成时间			份数	页数	备注
		年	月	日			
四	学历学位、专业技术职务（职称）、学术评鉴和教育培训类材料						
4—1							
1	报考高等院校学生登记表	2000	01	25	1	2	
2	学习成绩表	2004	03	01	1	1	
3	大学毕业生登记表	2004	07	03	1	6	
4—2							
1	中级专业技术职务任职资格评定申报表	2011	09	03	1	9	
2	专业技术职务聘任审批表	2011	12	28	1	3	

3. 编目

人事档案编目是指填写人事档案案卷封面,填写案卷(或称保管单位)内的人事档案目录,编写件页号等。

目录具有重要作用:第一,固定案卷内各类档案的分类体系和类内每份材料的排列顺序及其位置,避免次序混乱,巩固整理工作成果。第二,介绍每份材料的内容、名称和形成时间,帮助查阅者及时、准确、迅速地查到所需要的材料。第三,目录是人事档案材料登记和统计的基本形式,能检查已归档的材料有无遗失,分类归类及排列上有无差错,发现后及时给予纠正。因此,目录是一种有效的人事档案管理和控制工具,有助于维护人事档案的完整和安全,提高科学管理水平。下面逐一介绍编码和目录登记的方法。

(1) 编码。全部材料按以上顺序排列好后,在每份材料的右上角用铅笔写上类号和顺序号。写法是:类号在前,顺序号在后,中间用一横线连接,必须用铅笔填写。例如,"3—1"表示这份材料是第三类中的第一份材料,其他依次类推;再如,"9—1—1"表示这份材料是第九类中第一个问题的第一份材料,"9—2—1"表示这份材料是第九类中第二个问题的第一份材料,其他依次类推。

写完类号和顺序号后,在材料每面的右下角(反面为左下角)编写页码。人事档案材料的编页不同于图书,以每一份完整的材料为一份;材料页数的计算采取图书编页法,每面为一页(没有正式记述情况文字的前后皮除外),印有页码的材料和表格应如数填写。

通过编码,既可以固定材料的位置,也方便检索和利用。

(2) 目录登记。人事档案的目录登记是指在材料经过排列、编码之后,按照固定的目录栏目和要求,将相应的归档材料逐份记载。通过目录登记,可以起到索引的作用,同时有助于复查、保护档案材料。

目录登记必须按"干部档案登记目录"的格式里所列的项目逐栏进行登记。

① 类目就是填写类目号和每份材料的顺序号。类目号用汉字数字(一、二、三、……)写,顺序号用阿拉伯数字(1、2、3、……)写。为了使类目号和类目名称醒目、美观,把类目号和类目名称刻成印章(这个印章叫条章),用时蘸上红色印油盖在类目的位置上。条章盖在每类的卷首,暂时没有材料的也要盖上类目名称,以固定类目的位置,待以后再有新材料时"对号入座"。顺序号书写的位置,每份材料从"1"开始往下编写,有多少份材料,就编多少号码。

需要注意的是,每类后面都要留出适当的空格。一般来说,年龄小的多留些,年龄大的少留些。要求每一类约占目录一面,三类、四类、九类可适当多留出一面,每人至少要留6—7页目录。

② 材料名称是目录登记的核心内容。在实际整理档案的过程中,应注意以下问题:

第一,坚持客观记录的原则,即照录材料的原标题,一般不得省略。

第二,对于过于冗长的标题,可采取缩写的办法来解决,如"申请专业技术职务呈报表"可以缩写成"技术职务呈报表",但不能简化成"呈报表"。

第三,对于题不对文、含义不清和没有标题的材料,目录登记者要自拟标题。因此,要求自拟的标题语言准确、精炼、规范,不能太笼统,否则,就失去了目录登记的作用。自拟的题目用"【】"号括起来,以示该题目系登记者所加。例如,原标题为"证明材料",应自拟简明正确的标题为"×××关于×××的××问题的证明材料",并加"【】"号。

③ 材料形成时间一般采用材料落款标明的最后时间。如果材料的最后签署时间无可靠依据，一般不再注明。

复制的档案材料采用原材料形成时间。

材料时间的填写上应注意，一律使用阿拉伯数字、八位数表示。年份必须写全称，如，"1998,2008"，而不能简写成"98,08"；月、日用两位数表示，如2012年9月10日应写成20120910。

实践工作中，对常见材料形成时间的确认方法是：本人撰写的自传、入党申请书、转正申请书等，以本人书写材料的落款时间为准；由本人填写后，经组织审核盖章或签署意见的材料，如履历表、学生登记表、鉴定表、党员登记表等，应以组织最后盖章或签署意见的时间为准；证明材料凡是单位出具的，应以单位签署的时间为准，个人出具的证明材料，应以证明人所在单位组织注明意见的时间为准；直接由组织形成的材料，具有审批性质的材料，应以审批单位签署的时间为准，如审查结论、处分决定、任免呈报表、工资呈报表等，均以批准机关的签署时间为准；由选举产生而办理职务任免手续的任免呈报表，应以选举当选的时间为准。

④ 份数（即材料份数）以每份完整的材料（包括附件）为一份。复制件与原件同时存入正本时，按一式两份计算，并在备注栏中注明含复制件一份。

⑤ 页数按材料右下角铅笔书写的总页数填写。

⑥ 备注需要说明的事项应从实际情况出发，本着"有则注之、无则免之"的原则，避免备注项杂乱。

目录登记的注意事项

一、书写目录要工整、正确、清楚，使用钢笔、签字笔或计算机打印，不得使用圆珠笔、铅笔、红色或纯蓝墨水。

二、目录登记要逐项认真填写，做到登记与实际材料的内容、时间、份数、页数相符，准确无误。不能有错登、漏登或重登。

三、目录卷面要整洁，不得勾画、涂改。

四、书写目录时，每类目录之后须留出适量的空格，供补充档案材料时使用。

五、目录登记完毕，应该和干部档案材料进行认真核对，做到数量、位置、形成时间、类属号相一致。每份档案卷通常都有多张目录，目录页应放在一起不能分开。

小实例

人事档案目录

类号	材料名称	材料形成时间			份数	页数	备注
		年	月	日			
一	履历类材料						
1	高中学生登记表	2011	09	23	1	6	

(续表)

类号	材料名称	材料形成时间			份数	页数	备注
		年	月	日			
2	北京劳动保障职业学院学生登记表	2014	09	06	1	6	
3	干部履历表	2017	07	20	1	10	
二	自传和思想类材料						
1	学生自传	2015	06	21	1	23	
三	考核鉴定类材料						
1	高校学生综合素质测评表	2015	09	15	1	12	
2	2017年度考核登记表	2017	12	25	1	4	
3	毕业生见习期考核鉴定表	2018	07	06	1	4	
4	2018年度考核登记表	2018	12	20	1	4	
四	学历学位、专业技术职务(职称)、学术评鉴和教育培训类材料						
4—1	学历学位材料						
1	报考高等院校登记表	2014	01	02	1	4	
2	高中毕业生登记表	2014	06	30	1	6	
3	学习成绩表	2017	06	01	1	1	
4	高校毕业生登记表	2017	06	30	1	8	
5	大学毕业证书	2017	06	30	1	1	复印件
4—2	专业技术职务(职称)材料						

(续表)

类号	材料名称	材料形成时间			份数	页数	备注
		年	月	日			
1	专业技术职务任职资格评定申报表	2019	06	03	1	9	
2	专业技术职务聘任审批表	2019	07	02	1	3	
五	政审、审计和审核类材料						
1	家庭情况证明材料	2014	06	21	1	8	
六	党、团类材料						
1	入团志愿书	2009	04	01	1	3	
2	入团申请书	2009	03	15	1	2	
3	入党志愿书	2015	01	01	1	12	
4	入党申请书	2014	10	05	1	6	
5	转正申请书	2016	02	18	1	5	
6	党员登记表	2016	02	24	1	5	
七	表彰奖励类材料						
1	优秀团员登记表	2011	05	10	1	1	
八	违规违纪违法处理处分类材料						
九	工资、任免、出国和会议代表类材料						

(续表)

类号	材料名称	材料形成时间			份数	页数	备注
		年	月	日			
9—1	工资、待遇材料						
1	转正定级表	2018	07	30	1	2	
9—2	录用、任免材料						
1	调动人员情况登记表	2019	01	10	1	2	
9—3	出国、出境材料						
9—4	会议代表类						
十	其他可供组织参考的材料						
1	毕业生就业报到证(派遣证)	2017	07	15	1	2	
2	录用体检表	2017	07	20	1	2	

4. 复制加工

(1) 复制。人事档案材料的复制就是用一定的手段,按照档案材料原件内容和外形重新制作一份或数份材料。复制的作用主要是保护档案原件,使其能永久或长期保存,延长档案材料的寿命,恢复档案材料的原貌;为建立副本提供所需的材料;用复制件满足利用者的需要。

① 复制的要求有以下四点:

第一,忠于原件。复制件与原件在内容上应完全一致,外貌形状也完全相似。不能对原件内容进行综合、增删、修改或手描,也不宜变动原件的外貌。

第二,复制件应字迹清楚,不得模糊。

第三,复制所使用的材料应经久耐用,有利于长远保存。

第四,手续要完备。复制材料须注明复制单位、复制时间、原件存何处,并加盖复制单位公章。这是复制件进入人事档案的必备条件之一。

②复制的范围。复制的范围不能任意扩大或缩小,该复制的没有复制,就会造成损失;不该复制的复制了,则造成浪费,影响人事档案的精炼。复制的范围包括:

第一,建立副本所需要的材料。副本是由正本中的部分材料构成的,在实际工作中大多数材料都是孤本,重份比较少,一般只能满足正本的需要,因此,复制件是建立副本的主要来源,是否建立副本由单位根据情况自行确定。

第二,字迹不清的材料。由于年久纸张变质,墨水褪色,字迹模糊不清难以辨认,影响使用价值,这种材料需及时进行抢救。

第三,圆珠笔、复印纸、铅笔等书写的材料。按规定,圆珠笔、复印纸、铅笔书写的材料不能归档,但是,由于受历史条件限制和其他方面的原因,档案中已归入了一些不合格的材料,为使这些材料长期保存,就必须对其进行复制。

③复制的方法。人事档案复制的方法有复印(只要原件字迹清楚,就可以用复印机复印)、打印、抄写、手描(注意保持档案材料的原貌)、扫描、摄影(费用高,不便于装订)。新研制推广的字迹恢复固定剂(液)是档案字迹恢复和固定保护的最好用品。

(2)技术加工。技术加工是指在不损害档案材料的文字内容和保持档案历史原貌的前提下,对一些纸张不规范、破损、卷角、折皱的材料,以最大限度地延长档案寿命所进行的技术加工。

技术加工是不得已而为之的一种辅助性手段,目的是为了最大限度地延长档案的寿命,便于装订保管和利用。原始性、记录性是档案的本质特征,也是档案的价值所在。因此,技术加工必须坚持切实维护档案历史原貌的原则,切忌为追求整齐美观而对档案内容和外观造成丝毫损坏。技术加工的方法主要有修裱、修复、加边、折叠和剪裁。

①修裱。是以糨糊做胶黏剂,运用修补和托裱的方法,把选定的纸张补或托在档案文件上,以恢复或增加强度,提高耐久性。主要适用于档案遭到损坏,出现孔洞、腐朽、残破、折叠处断裂以及纸张发脆或过薄、纸面过小(小于16开规格)的材料。

②修复。是对已经损坏或不利于永久保存的档案材料进行处理,以恢复原来面貌,提高耐久性。包括去污、去酸、加固、字迹显示与恢复。

③加边与包边。所谓加边,是指对过窄或破损未空出装订线的档案材料,在装订线一边加一条白纸边,拓宽材料的装订位置,保证打眼、装订不压字和损伤材料内容。所谓包边,是指对一些破损、多页零散的材料在装订线一边用白纸包边。

④折叠与剪裁。对超过16开规格的档案材料,在不影响材料的完整和不损坏字迹的条件下,可酌情进行剪裁;不能剪裁的材料需进行折叠,折叠时,要根据材料的具体情况,采用横折叠、竖折叠、横竖交叉或梯形折叠等办法。折叠后的材料,要保持整个案卷的平整,文字不得损害,便于展开阅读。

⑤拆除档案上的大头针、曲别针、订书针等金属物品,以防氧化锈蚀档案材料。

小知识

如何评价字迹的耐久性

字迹材料是否耐久取决于两个因素:一是看其色素成分是否稳定耐久,二是看其色素与纸张的结合是否牢固。把这两种因素概括起来,结论如下:

凡色素成分是炭黑,以结膜方式与纸张结合的,是耐久的字迹材料。这类字迹材料有墨、墨汁、黑色油墨等。

凡色素成分是颜料，以结膜或吸收方式与纸张结合的；或色素成分是炭黑，以吸收方式与纸张结合的，都是较耐久的字迹材料，这类字迹材料有碳素墨水、蓝黑墨水、彩色油墨、印泥等。

凡色素成分是染料，不论以何种方式与纸张结合的，都是不耐久的字迹材料，这类字迹材料有红墨水、纯蓝墨水、圆珠笔油等。

凡与纸张以黏附方式结合的，不论是何种色素成分的字迹材料，都是不耐久的字迹材料，如铅笔字迹。

记日记或书写单位、家庭和自己的历史，填写重要表格材料时，应注意选择耐久或较耐久的字迹材料。

资料来源：陈琳，《档案管理技能训练》，机械工业出版社，2011年，第122页。

5. 装订验收

（1）装订。是将零散的档案材料加工成册，它是档案整理工作中的重要步骤，能够巩固整理工作中以上各道工序的成果。装订工作的要求是：装订后的档案材料排序与目录相符，卷面整洁，全卷平整，平坦，装订结实实用。

装订的具体做法如下：① 将目录与材料逐份核对无误，避免出现缺份、缺页、错页，把差错消灭在装订之前。② 把全卷材料理齐，以方便正装，即横写的材料名称在上，竖写的材料名称在右。材料条件好的应做到四面整齐，材料条件较差的，以装订线一边和下边两面为齐，其余两边基本整齐。③ 材料左侧竖直打孔。空距规格应符合规定的标准，不要损伤文字，最好购买三眼打孔机。④ 系绳一般用长50厘米左右的绳子，不允许用金属卡固定。⑤ 按照中组部统一要求，一律使用规定的标准干部人事档案卷皮，档案卷皮书写档案人的姓名。书写姓名不得用同音字或不规范的简化字。

（2）验收。是对装订后的人事档案，按照《干部人事档案工作条例》《干部档案整理工作细则》等有关文件规定的标准，全面系统地检查其是否合格的一项工作。它是人事档案整理工作中的最后一道关口，也是人事档案整理工作不可缺少的重要环节。

验收工作一般由主管领导和熟悉业务、责任心强的同志参加。验收的方法可在自验、互验的基础上，最后由负责验收人员对所整理过的档案，逐人、逐卷、逐份、逐页进行检查。

人事档案整理工作是否合格，应用以下标准予以衡量：① 材料取舍符合规定。对归入干部人事档案的材料，应检查是否符合有关要求以及有无该剔除而未剔除的材料。② 分类准确，编排有序。材料分类无差错，排列顺序科学，各类材料右上角用铅笔编写顺序号，每类材料不混淆。例如，一类材料编写1—1，1—2，1—3，九类材料编写9—1—1，9—1—2。③ 目录清晰，醒目易查。检查目录登记与材料内容、时间、页数是否相一致，留下的空格多少是否合适。④ 检查正本、副本的区别及正本的分册是否合乎要求。⑤ 检查需要复制的材料有无漏掉，复制件的质量是否符合要求。⑥ 检验金属物是否拆除，材料的裱糊、折叠是否合乎要求。⑦ 检验装订是否整齐，有无损字压字、掉页的现象，卷内分类角的位置是否准确。

任务三　综　合　实　训

一、任务要求

通过填写表格回顾本项目的学习内容和技能。

二、实训

【实训名称】回顾本项目学习的收获

【实训目的】系统回顾课堂知识，加深印象；培养学生勤于思考和总结的习惯。

【实训内容】认真填写下列表格。

回顾本项目学习的收获				
项目名称				
学号姓名		训练地点		训练时间
我从本项目学到的三种知识或者技能				
完成本项目过程中给我印象最深的两件事				

(续表)

一种我想继续学习的知识或者技能		
考核标准	(1) 课堂知识回顾完整,能用自己的语言复述课堂内容; (2) 记录内容和课堂讲授相关度较高; (3) 学生进行了认真思考。	
教师评价		成绩

【实训要求】

(1) 仔细回想本项目所学内容,若有不清楚的地方,查看相关知识链接。

(2) 本部分内容以自己填写为主,不需过于注意语言的规范性,只要能分条说清楚即可。

项目四

人事档案的保管

教学目标

知识目标

① 了解人事档案保管的意义和地位；
② 掌握人事档案保管的范围和期限；
③ 熟悉人事档案保管的环境，掌握"六防"措施；
④ 了解人事档案存放秩序和流动过程中的保护方法。

能力目标

① 依据人事档案保管的范围和原则，准确区分不同类型人事档案的保管期限；
② 明确库房管理人员应具备的职业素质和任职要求；
③ 通过档案库房温湿度调控技巧、档案装具的排列和使用技能的训练，提高学生的档案保管和保护能力。

案例导入

A公司的档案管理工作十分出色，通过了国家二级档案室的验收。该档案室设有专门的档案库房，库房选址及设备配置符合档案保管的要求；库房内装具的配备与排列合理；档案包装材料的使用符合要求；各类档案排列有序，日常管理规范，档案管理的制度及手续严密。因此，该公司的档案得到了很好的保管，为提供利用工作创造了极大的方便。

B公司由于条件限制，其档案库房为办公用房，并因公司的规模、效益等因素,一时解决不了购置通风、降湿、降温设备的问题,在高温潮湿季节,难以控制微生物滋生问题和病虫害,档案受潮也比较严重。同时,该公司在档案库房的管理方面比较松懈,例如,档案调阅后不能及时放还于原保管位置;允许非档案管理人员进入库房查找档案,或跟随档案管理人员进入库房;在档案库房中放置食品;调阅档案不进行记录等。因此,该公司的档案损坏比较严重,并发生过丢失档案的事故。

资料来源:张虹、姬瑞环,《档案管理基础》(第三版),中国人民大学出版社,2013年,第66页。

思考:通过上述两个对比性案例,探讨人事档案保管的意义,并思考如何做好人事档案保管工作,确保人事档案的安全有序。

任务一 人事档案保管的理论基础

一、任务要求

了解人事档案保管工作的地位和意义;掌握人事档案保管的范围和期限;熟悉人事档案保管的环境,包括物质条件、存放秩序管理以及档案流动过程中的维护。

二、实训

【实训名称】档案保管能力测试
【实训目的】通过对库房管理等问题的思考和技能训练,提高学生的档案保管和保护能力。
【实训步骤】
(1)认真阅读有关人事档案保管的法律规定,包括保管的范围和期限、库房环境及设备要求、保管工作制度等。
(2)模拟工作情境:
某人力资源服务机构增设人事代理业务,可代为保管人事档案。他们准备在办公楼里划拨一间专用库房,并购置统一的档案装具。请作为人事档案库房管理员的你为库房选址、装修要求及档案存放等方面的问题提供指导。
(3)思考及讨论:
① 档案库房的选址有哪些要求?库房面积多少为宜?库房在装修时,门、窗应作如何处理?墙面、地面应选择符合什么要求的材料?
② 档案库房对温湿度的要求有哪些?如何进行温度、湿度的控制和调节?
③ 档案库房对光源的要求有哪些?可以采取哪些措施进行防光?
④ 档案库房需要配备哪些设备?档案装具、包装材料在材质、样式、型号规格方面的要求有哪些?
⑤ 档案装具在库房内应如何排列和编号?
⑥ 人事档案应如何编号和存放?

（4）学生代表回答。
（5）教师点评总结。

【实训要求】

步骤1要求学生认真阅读《干部人事档案工作条例》《企业职工档案管理工作规定》《流动人员人事档案管理暂行规定》以及《关于做好文件改版涉及干部人事档案有关工作的通知》，明确各类型人事档案保管的范围和期限、库房环境和设备要求及保管工作制度；步骤3要求学生能够抓住情境设计的关键点，正确理解相关问题，并联系相关法律规定和所学知识进行深入思考和分析，提出合理建议。

三、相关知识链接

人事档案保管工作是指在人事档案入库后，根据人事档案材料的成分和状况而采取的存放、日常维护和安全防护等管理工作。

作为物质的东西，人事档案有其产生、发展、变化和消亡的过程。随着时间的流逝，受自然因素和社会因素的影响，人事档案可能遭受损坏，甚至毁灭；而组织、人事工作又需要长远利用人事档案，为此，档案管理机构有必要采取一系列措施和方法对人事档案进行妥善的保管和维护，这就形成了人事档案的保管工作。

（一）人事档案保管的意义和地位

一方面，人事档案保管工作为整个人事档案工作提供了物质基础，创造了开展各项业务工作最起码、最基础的条件。如果人事档案得不到安全有序的保管，甚至毁损殆尽，丧失了工作对象，人事档案工作也就失去了存在的基础。

另一方面，人事档案保管工作不能离开其他业务工作而独立存在。如果没有收集工作，保管就没有了工作对象；如果没有鉴别工作，良莠不齐、臃肿庞杂，有价值和无价值的混在一起，保管条件难以改善，安全也没有保障；如果没有整理工作，杂乱无章，缺乏条理和系统，保管工作就会困难重重；如果没有档案的及时转递，人档分离，保管的档案也就失去了应有的作用。同时，安全防护措施必须贯穿于收集、整理、提供利用和转递环节，才能避免档案受到磨损、丢失、泄密或污损。因此，做好人事档案保管工作，既要利用其他业务工作的成果，又必须紧密配合其他业务，将安全防护措施贯穿于各个环节。

（二）人事档案保管的任务

1. 防止人事档案的损坏

人事档案实体是以物质的形态存在和运动的，而温度、湿度、光线等各种环境因素会对档案的载体、字迹材料等造成不良影响，不利于档案的长久保存。因此，在日常保管工作中，要了解和掌握档案毁损的原因和规律，通过经常性的具体工作和专门的防护措施，最大限度地消除或降低不利影响因素。比如：档案入库前应去污、消毒、去酸；对不利于保管的纸质材料和字迹，应以复印或加膜等方式保护；对一些不利于档案保护的包装物应去除；重要档案可考虑副本异地保存。如果档案已经遭到损害，应立即采取抢救性措施，进行治理和保护，以防毁坏程度继续加重。

2. 延长人事档案的寿命

人事档案保管工作不仅仅在于防止人事档案的自然损坏，还应从根本上采取更积极的措施，最大限度地延长档案的寿命，使其尽可能长远地保存下去，服务于子孙后代。

3. 维护人事档案的安全和有序

人事档案关系到党和国家的机密及单位和个人信息的安全,切不可将档案管理工作当作收发取放的小事,一定要注意安全保密。此外,只有科学有序地保管,才能迅速查找到所需档案,减少多次取放对档案的磨损,提高利用效率。

(三) 人事档案保管的范围

我国人事档案保管的范围是由各个单位的人事管理权限决定的,依据统一领导、分级管理、管人与管档案相一致的原则确定。具体范围划分如下:

1. 在职人员人事档案的保管

在职人员人事档案的管理与人员管理的范围应保持一致。人事档案的正本由主管该人的组织、人事部门保管。人事档案的副本由主管或协管该人员职务的部门保管。协管部门一般是人员所在单位或主管部门指定的有关部门。非主要协管和监管的单位不保管人事档案的正本和副本,但可根据需要保存近期重份的或摘要的登记表、履历表之类材料。

军队和地方互兼职务的干部,如果主要职务在军队,其档案正本由部队的政治部保管;如果主要职务在地方,其档案正本由地方有关部门保管。

民主党派和无党派的爱国人士档案由各级党委统战部门保管。

职工档案的规定如下:

(1) 用人单位招聘职工,劳动合同期限在1年以上(含1年的),职工档案由用人单位保管,或由用人单位委托经劳动行政部门授权办理存档业务的职业介绍服务中心保存存档。

(2) 用人单位招聘职工,劳动合同期限在1年以下的,按照《北京市招聘职工暂行办法》(京劳就发〔1996〕184号)规定,职工档案可不提到单位,但用人单位应将其档案委托单位所在区劳动局职业介绍服务中心集体保存。

(3) 个体、私营企业招聘的职工,由个体、私营企业主将职工档案在企业注册地的区劳动局职业介绍服务中心办理集体存档。

(4) 凡与用人单位建立劳动(合同)关系的员工,不得办理个人委托存档。

2. 离、退休人员人事档案的保管

离、退休人员的人事档案一般由原保管部门保管。如果人员离、退休后,异地安置而未转关系的,其档案仍然由原单位保管;如果将组织关系转到安置地,则其人事档案应转交接收单位的人事部门来保管。

党中央、国务院管理的干部,中共党员的档案由中央组织部(或人事部)保管;民主党派和无党派爱国人士的档案由中央统战部保管。

3. 死亡人员人事档案的保管

人事档案不仅是对在世者了解使用的重要依据,也是对去世者进行研究的重要史料,还具有其他各方面的使用价值。然而,并非所有的人事档案都要永久保存,一来保管条件不允许,二来也没有必要。

党中央、国务院管理的省部级干部,死亡后其档案由原管理单位保管5年,之后移交中央档案馆永久保存。

中央、国家机关各部委和各省、市、自治区管理的司局级职务的干部,全国著名的科学家、艺术家、教授和有特殊贡献的英雄、模范人物、知名人士等,死亡后其档案由原管理单位保管5年后,移交本机关档案部门保存,并按《机关档案工作条例》规定的期限,到期后移交

同级档案馆永久保存。

上述范围以外的其他干部,死亡后其档案由原管理部门保存5年后,移交本机关档案部门保存,并按同级档案馆接收范围规定进馆。

企业职工死亡后,其档案由原管理部门保存5年后,移交企业综合档案部门保存;对国家和企业有特殊贡献的英雄、模范人物死亡后,其档案按规定向有关档案馆移交。

4. 其他人员人事档案的保管

辞职、退职、自动离职、被辞退(解聘)后未就业人员,其档案由原管理单位保管;另就业的,其档案转至有关组织、人事部门或所属的人才服务中心保管。在职人员被开除公职后,其档案保管方法原则上同上述程序。

在职人员受刑事处分或劳动教养期间,其档案由原管理单位保管;刑满释放或解除劳教后,重新安排工作人员的档案由主管该人的部门或所属的人才服务中心保管。

出国不归、失踪和逃亡人员的人事档案由原管理单位保管。

人事档案管理人员及其在本单位直系亲属的档案由组织指定有关部门及专人保管。

(四) 人事档案保管的物质条件

人事档案的保管工作必须依托于一定的物质条件才能实现。基本的物质条件包括库房、装具、保管设备、包装材料和消耗品,它们构成一个保护链条,共同发挥着为人事档案创造良好环境、保护档案免受侵袭、维护档案完整和安全的作用。

1. 库房

库房是为存储和保护档案而设计建造的建筑物,是保管人事档案最重要的物质条件。在实际工作中,因公司职能、规模和财力限制,一般不新建库房,大都利用办公用房或民用建筑改建,但在库房选址或改造上应尽量向《档案馆建筑设计规范》的要求靠拢,注意以下几个问题:

(1) 库房选址应考虑三个因素:一应注意周围环境,远离居民区、锅炉房、厨房、化验室、厕所及车辆来往频繁的马路,以隔绝火源、水源和有害气体对档案的侵袭;二是库房应保持干燥,便于通风,不应设在工厂的下风处;三是与主管人事档案工作的组织、人事部门办公用房设在一起或相邻,以便于管理和使用档案,但应有专门的库房,做到阅档场所、整理场所、办公场所分开。

(2) 库房面积与保管的人事档案数量应相适应,一般每千人的人事档案库房面积不少于20—25平方米。

(3) 库房应坚固实用,全木质结构的房屋和一般的地下室不宜作档案库房使用。

(4) 改建库房应改造地面,防止潮湿;修建房顶,防止漏雨;检修电线电器,防止火灾;门窗须结实严密,封闭性良好,窗户要有窗帘和铁栅;库房内有防火、防潮、防蛀、防盗、防光、防高温的必要设施。

2. 档案装具

档案装具是指用于存放档案的柜、架、箱,它们是档案库房存贮和保护档案的基本设备。一般而言,封闭式的柜箱比敞开式的架子更有利于档案的保护;金属装具比木质的更坚固,有利于防火,但造价较高,防潮耐热不如木质装具。

档案柜是比较传统的装具,使用比较灵活,便于挪动,有利于防尘、防火、防盗。

档案架造价低,要求库房地面的承重与图书架相同,生产工艺简单,利用档案比较方便,但要求档案库房的保护条件相对较高。

图 4-1 活动式密集架

活动式密集架(图 4-1)在有效利用库房空间、坚固、密闭方面具有较好性能。平时,各架柜合为一体;调阅时,可以手动或自动分开,比常规固定架柜能节省近 2/3 的库房面积。安装活动式密集架要求地面承重能力需在每平方米 2 400 kg 以上,还必须考虑整个建筑物的坚固程度以及使用年限等因素。

3. 保管设备

人事档案保管设备是指在人事档案保管、保护工作中使用的机械、仪器、仪表、器具等技术设备。主要有空调、通风设备、去湿机、温湿度测量及控制设备、防盗防火报警器、灭火器、装订机、复印机、缩微拍照及缩微品阅读复制机、光盘刻录机、通信及闭路电视监控设备、消毒灭菌设备、档案出入库的运送工具等。图 4-2 列举了部分保管设备。

(a) 温湿度计　　(b) 去湿机　　(c) 缝纫机　　(d) 装订机

图 4-2 保管设备

4. 包装材料

人事档案包装材料主要有档案卷盒、档案袋。它不仅是存放和保护每一个档案案卷的纸质或其他质地档案材料,减少机械磨损,防止光线、灰尘对档案侵袭的工具,又是人事档案的封面,有利于人事档案的查找和利用。

(a)　　　　　　　　(b)

图 4-3 档案盒　　　　　　　　图 4-4 档案袋

为符合干部人事档案材料采用国际标准 A4 纸型的要求,干部人事档案卷盒、档案袋的样式和规格也作了相应调整,详见《关于做好文件改版涉及干部人事档案有关工作的通知》

(组通字〔2012〕28号)。

关于做好文件改版涉及干部人事档案有关工作的通知(节选)
组通字〔2012〕28号

各省、自治区、直辖市党委组织部,各副省级城市党委组织部,中央和国家机关各部委、各人民团体组织、人事部门,新疆生产建设兵团党委组织部,各中管金融机构、部分国有重要骨干企业党组(党委),部分高等学校党委:

按照中央文件改版工作通知要求,为做好文件改版涉及干部人事档案有关工作,经研究,现就有关事项通知如下:

一、干部人事档案材料、目录和转递单

干部人事档案材料和目录采用国际标准A4纸型(297×210 mm)。材料左边应留有25 mm的装订边。A4纸型的干部人事档案材料和目录按照靠左下对齐的方式打3孔装订,中间孔距上、下孔(从孔中心算起)83 mm,下孔距材料底边54 mm,孔中心距左边沿12 mm,孔直径为5 mm。档案中原有小于A4纸型且已按照要求装订的档案材料,不需要重新打孔和裱糊。干部人事档案材料转递单统一采用国际标准A4纸型。

二、干部人事档案卷盒和档案袋

干部人事档案卷盒规格按照A4纸型相应调整,分为310×225×25 mm、310×225×35 mm和310×225×45 mm三种。卷盒设3个装订立柱,装订立柱中心距左边内沿15 mm,下装订立柱距卷盒底边54 mm,中间装订立柱距上、下装订立柱,从装订立柱中心算起83 mm,装订立柱直径为4 mm。卷盒背脊标签规格相应调整为310×22 mm、310×32 mm和310×42 mm三种。

干部人事档案袋规格按照A4纸型相应调整为:320×235×30 mm、320×235×40 mm和320×235×50 mm三种。

三、干部人事档案库房设备

干部人事档案库房所用档案柜、密集架和回转柜等设备,现在能够存放或调整层高后能够存放A4纸型档案卷盒的,不更换;不能存放A4纸型档案卷盒或者设备老化严重影响安全和使用的,一并进行更换。

干部人事档案专用打孔机孔径为5 mm,不符合标准的须进行调整或更换。其他专用设备也要按照本通知要求进行相应调整或更换。

四、有关要求

此项工作涉及面广,工作量大,各地区各部门要按照本通知精神,制定计划,加强领导,合理过渡,分阶段、分步骤实施。

(1)安全保密。要针对工作中的每个环节逐一制定安全保密措施,查找隐患,堵塞漏洞,严格保密,确保万无一失。

(2)保证质量。更换档案卷盒要规范流程,逐一核对,确保不出差错。干部人事档案用纸、档案卷盒、档案袋等所用材料应符合国家档案有关标准;干部人事档案库房设备应符合国家有关标准。

(3)保证重点。现职干部人事档案是此次工作的重点,要注意做好这些档案的材料归档、目录调整和卷盒更换等工作。离退休干部和去世干部的档案,新归档材料较少,各单位可根据各自实际酌情处理或不作调整。

(4)保障经费。工作所需经费,由本级财政予以解决。要注意从实际出发,厉行节约,避免浪费。

本通知自 2012 年 7 月 1 日起施行。中央组织部此前制定的有关规定,凡与本通知不一致的,以本通知为准。各地各部门要及时了解和掌握工作中遇到的新情况新问题,有重要问题及时请示报告。我部将对本通知的贯彻落实情况进行督促检查。

中共中央组织部
2012 年 6 月 5 日

5. 消耗品

消耗品是指用于人事档案保管工作的低值易耗品,如防霉防虫药品、吸湿剂、各种表格及管理性的办公用品等。

(五) 库房管理

档案管理工作不仅需要一定的物质条件,还需要建立健全管理制度,完善档案出入库手续,加强日常管理和监测,这样才能为人事档案营造一个良好的保管环境。作为保管人事档案的重要场所,库房应有专人负责管理,配备必要的安全和防护措施,并建立库房管理秩序,重视人事档案流动过程中的维护和保护。

1. 库房的安全和防护措施

为保证人事档案实体的安全,应根据档案库房的具体情况采取适当措施,将库房环境控制在适宜档案实体安全的范围内,最大限度地避免外界不良因素对档案实体的侵害。档案库房的安全和防护措施主要有以下几个方面:

(1)遵守人员进出库制度。要对进出库房的人员及其进出时间、方式、要求等进行必要的限制,制定并严格执行人员进出库制度。

一般情况下,档案库房只允许档案工作人员进入,非档案工作人员原则上不允许进入。若确实需要非档案工作人员进入库房,如维修库房及其设备的工作人员等,进入前应做好登记,并始终有档案工作人员陪同。

档案工作人员进出库房也必须有相应的限制性规定。例如,非工作时间一般不允许进入库房;在库房内不允许从事与库房管理工作无关的其他活动;不允许携带饮料、食物进入库房;更不允许在库房内吸烟、喝水、吃东西。库房内无人时必须关灯、关窗、锁库房门。

(2)库房温湿度的控制。库房内的温湿度是直接影响档案自然寿命的环境因素,适宜纸质档案保存的库房温度是 14℃—24℃,相对湿度是 45%—65%。为了准确掌握库房温湿度的情况,库房内应配置精确、可靠的温湿度测量仪器,随时测量并记录库房温湿度的具体指标状况。针对不同的库房条件,控制和调节温湿度的方法主要有以下两种:

第一,库房密闭。对库房进行严格密闭,减少和防止库外不适宜温湿度对库内的影响,并在库房内安装空调或恒温、恒湿设备,使库房内的温湿度人为地控制在适宜的指标范围内。这种方法所需费用较高,并非所有档案管理机构都有能力做到。

第二,机械或自然调控。在库房难以完全密闭,也无力承担配置空调或恒温、恒湿设备的情况下,可以采取一些机械的或自然的措施对库房温湿度进行人工调控。具体大致有四种,可以同时使用,也可以交叉使用。

① 在档案库房的门窗加密封条,可减少库房内外温度的相互交流,并有防尘作用。

② 使用增温、增湿或降温、降湿等机械设备进行调控,改变不适宜的温湿度。这种方法需要将库房门窗关闭方能奏效。

③ 当库房外的温湿度适宜而库房内的温湿度较高时,可以利用库房内外温湿度差别,采用打开门窗或排风、换气等方法进行自然通风,用库房外的自然温湿度来调节库房内的温湿度。采用这种方法时,需要把握好库房内外温湿度的差异以及通风的时机、具体时间和过程的长短及强度。

④ 采用一些更为简便的人工方法调节库房的温湿度。例如,在库房地面洒水,放置水盆、湿草垫,挂置湿纱布、麻绳等,以适当增湿;在库房或档案装具放置木炭、生石灰、氯化钙、硅胶等物质,以适当降湿。但这些方法的效果只是局部的,并且很有限。

(3) 掌握"六防"措施。人事档案保管工作中常说的"六防"是指防火、防潮、防蛀、防盗、防光、防高温,它们是库房管理工作中保障档案实体安全的重要内容。

防火——第一,库房应远离食堂、锅炉房、汽车库、材料库等消防重点目标;第二,要求在装具及照明灯具的选用、各种电器及其线路的安装等方面消除隐患,必须按消防规定在库房中配备性能良好、数量足够的消火器材,条件允许的情况下应安装防火(烟雾)报警器和自动灭火装置;第三,建立严格的防火制度,如禁止吸烟、生火或存放易燃物品;第四,不得使用破旧电线,每天下班前必须切断电源,闭合档案柜;第五,库房管理员应熟悉有关消防知识,能正确使用灭火器材等。

防潮——与库房温湿度(尤其是湿度控制)密切相关。库房防潮的措施有:采用密闭隔热技术,安装通风、降湿、空气调节设备,采用通风、换气、除湿、降湿措施等。此外,库房所处的地势不能过低,库房内及附近应避免水源。

防蛀——第一,库房应远离粮仓、货仓或食堂等场所,地基采用钢筋水泥或石质结构,加强门窗的封闭性,地板、墙面、屋顶等处不能有缝隙;第二,搞好库房内外的清洁卫生,做好档案入库的检疫工作;第三,库房内严禁堆放任何杂物,定期施放杀虫驱虫药物,并根据药效时限适时更换;第四,每月翻动橱内档案两次,查看虫害档案情况,一旦发现有虫害,应立即采取措施,防止蔓延。

防盗——要求库房门窗坚固,配备防盗门窗,进出库房时及时锁门,并尽可能地安装防盗报警装置。

防光——要求库房尽可能封闭,若有窗户,尽可能小些,并使用磨砂玻璃、花纹玻璃或带颜色的玻璃并配置窗帘,尽量遮蔽户外日光中的紫外线照射。照明灯具应使用白炽灯加乳白色灯罩,若使用灯泡,最好是磨砂灯泡,不允许使用日光灯(荧光灯)。尽量减少档案使用过程中受光照射的时间和光辐射的强度,如果档案受潮、水浸、霉变或生虫,不应在阳光下直接暴晒,只能置于通风处晾干。

防高温——档案制成材料(纸张材料和字迹材料)的耐久性决定了档案寿命的长短。造纸植物纤维素在潮湿、高温、阳光等条件相互作用下会加速氧化,高温还会使纤维素的吸湿性和膨胀能力下降,导致纸张破坏和字迹模糊。因此,档案库房必须做好防高温工作,注意掌握高温气候条件下库房温度的变化情况,采取通风或启动空调机等方式进行降温,使库内温度控制在标准范围(14℃—24℃)内。

(4) 定期检查和清点。定期检查和清点是档案库房管理的一项制度化措施,旨在及时纠正库房管理中的漏洞,保持档案实体的安全和完整有序。

定期检查的重点在于档案实体的理化状态,以查看档案是否发生霉变、虫蛀等迹象,库房中是否存在危害档案的潜在隐患,档案的调出和归还是否严格办理了手续,档案实体存放秩序是否出现了错乱,是否存在长期使用尚未归还的档案或材料等具体内容。

一般情况下,档案管理机构以月、季度、年为周期进行定期检查;定期清点的周期可以长一些,但在档案发生大规模变化的情况下,如档案管理机构搬迁或大规模提供利用工作之后,应及时清点。

(5) 做好应急抢救准备。档案应急抢救措施是单位为了保证档案在突发人为或自然灾害事故时获得及时救护,以最大限度地避免损失而编制的预案及所做的准备工作。尽管许多单位已经具备了现代化的档案管理条件,但仍然需要在强化安全意识和管理措施的前提下,做好应急准备,确保各类档案(尤其是重要档案)的安全防护工作。

首先,要编制档案应急抢救预案。根据《档案工作突发事件应急处置管理办法》规定,预案应包括:① 编制和实施预案的有关危机情况和背景;② 应急处置工作的目标、要求和具体措施;③ 应急指挥机构的建立及其人员组成,应急处置工作队伍的数量、分工、联络方式、职能及调用方案;④ 有关协调机构、咨询机构及能够提供援助的机构、人员和联系方式;⑤ 抢救档案的顺序及其具体位置,库房常用及备用钥匙,重要检索工作的位置和管理人员;⑥ 档案库房所在建筑供水、供电开关及档案库区、重点部位的位置等;⑦ 向当地党委和政府、有关主管机关和上级档案行政管理部门报告的联系方式;⑧ 其他预防突发事件、救灾应注意事项。

其次,落实档案应急抢救预案的要求。各单位应在组织、人员、设备、环境等方面提供切实保障落实预案的各项措施,当面对突发灾害性事件时,能有效地发挥阻挡灾害蔓延、保护档案安全的作用。同时,必须通过宣传、培训、模拟演习等方式,强化人员的安全防范意识,并使相关人员学会紧急情况发生时的应对方法,保证预案的可行性和有效性。

> **小知识**
>
> **档案纸张不慎被打湿为什么不能晒干**
>
> 大家在生活中不难发现,贴在室外的广告、公告等纸张很容易变色、脆化,这是纸张纤维素与光、氧气或其他氧化剂发生的化学反应,叫纤维素的氧化反应。通常条件下,空气中的氧对纤维素的氧化是很缓慢的。影响纤维素氧化速度的主要因素有:
>
> (1) 光。光是具有一定能量的,在光的照射下,纤维素氧化的速度会大大加快,这种反应叫光氧化反应。
>
> (2) 潮湿。空气潮湿,档案纸张中的含水量增加,会加速纤维素氧化。
>
> (3) 温度。温度越高,化学反应进行的速度越快,纤维素氧化反应也是一样。
>
> (4) 氧化剂。造成纤维素氧化的氧化剂主要有二氧化氮、过氧化氢、臭氧、氯气等。这些氧化剂主要来自空气,特别是在空气被严重污染的工业区。
>
> 如果氧化剂、光、潮湿3个因素同时作用于纤维素,纤维素的氧化速度将大大加快。因此,档案纸张一旦被打湿,不能在阳光下晒干,而应在室内荫凉、通风、干燥处晒干。
>
> 资料来源:陈琳,《档案管理技能训练》,机械工业出版社,2011年,第119页。

2. 建立库房管理秩序

(1) 档案装具的排列和编号。库房中的档案装具应排列有序,横竖成行,大小式样不同的档案架、柜、箱应适当分类,做到整齐划一。为避免强光直射,有窗库房的档案装具应与窗户成垂直走向排列;无窗库房档案装具的排列纵横均可,但应整齐并不妨碍库房通风。档案装具的排列应最大限度地利用库房的空间,方便档案的存放和提取,成行架柜之间留有一定通道,便于档案管理人员的工作和小型档案搬运工具的通行,所有架柜不要紧贴墙壁。

为便于迅速查找档案和对库房的管理,所有档案装具应统一编号。一般方法是:采用阿拉伯数字,自库房门口起,从左至右、自上而下地依次编写档案装具的排号、柜架号、格层号(箱号)。

(2) 人事档案的存放。人事档案存放的方式有竖放和平放两种。① 竖放指的是将人事档案竖放在档案箱(柜、架)内,封面标签朝外,打开箱柜就能看到编号、姓名、籍贯,一目了然,提取和存放都比较方便,但档案底部承受的压力大,容易变形。② 平放指的是将人事档案平放在档案箱(柜、架)内,能使档案舒展,档案上的皱纹日久就会消失,对保护档案有利,但是存取不方便。为了便于存取和减轻底部文件承受的压力,堆叠的高度以不超过 40 厘米为宜。

人事档案存放的方法有统一存放和分类存放两种。① 统一存放指的是将保管的档案全部集中,按照编号顺序统一存放。其优点是便于存取、减少搬动,所管人员在本单位所属范围调动时,不用调整档案位置;缺点是不便于分类核对和统计。② 分类存放指的是将保管的档案按照一定的方法分类,然后分别进行存放。常用的分类存放方法有:按单位的性质分,可分为党群机关、政府机关、企业单位、事业单位人事档案;还可以按在岗情况、职务、职称或专业划分各种类别人员的人事档案。分类存放便于按单位或按类别查找人事档案并采集信息,缺点是一旦人员有关情况变化后,需及时调整档案的存放位置。

(3) 人事档案的编号。按照一定的顺序对每卷人事档案进行科学的编号是保管工作的重要一环,它对于巩固档案排列顺序、方便保管和查找利用都有重要作用。常用的人事档案编号方法有姓氏笔画编号法、笔形编号法、组织编号法、拼音字母编号法、职称级别编号法。

① 姓氏笔画编号法。将同姓的人的档案集中在一起,再按照姓氏笔画的多少为序进行编号,具体步骤如下:

第一步,摘录保管的所有人事档案中的姓名,将同姓人的档案集中在一起。

第二步,按照姓氏笔画的多少,将集中起来的人事档案按由少到多的顺序排列起来。

第三步,把同一姓内的姓名进行排列。先按姓名第二字的笔画多少排列,如果第二字的笔画相同,则继续比较第三个字的笔画多少。

第四步,将所排列的姓名顺序编制索引,统一进行编号。

第五步,将索引名册的统一编号标注在档案袋上。

第六步,按统一编号的次序排列档案,并对照索引名册进行一次全面的清点。

编号时注意:每一姓氏的后面根据档案递增的趋势留下一定数量的空号,以备增加档案之用;姓名需要用统一的规范简化字,不得用同音字代替;档案的存放位置要保持与索引名册相一致。

② 笔形编号法。根据存档人员姓名的笔形,按照笔形编号原则,依次取角编制档案的编号。该方法有两种编号规则:一种是四角号码编号法(取其四个角来进行编号),另一种

是由人事部门自行制定的类似四角号码的"笔形编号法"。其优点是比较简便易学,可以根据姓名的笔形直接查取档案材料,其他编号方法则需要先通过索引登记来查找档案号。这种编号方法适用于人事档案数量较多、人员流动性大的单位。

③ 组织编号法。按照人员所在的组织或单位进行编号。该方法适用于人事档案数量较少和人员相对稳定的单位,例如学生档案,它从档案建立到转出,单位一般是不变的。其优点是便于零散材料的归档,方便查找核对,简便易行。缺点是一旦人员变动,档案就要重新编号;随着单位人数的增多,超过一定数量时将会给查找带来困难。具体步骤如下:

第一步,将各个组织机构或单位的全部人员的名单集中起来,并按照一定的规律(如职务、职称、姓氏等)将各个组织的名单进行系统排列;

第二步,依据常用名册人员或编制配备表的顺序排列单位次序,并统一编号,登记索引名册;

第三步,将索引名册上的统一编号标注在档案袋上,按编号顺序统一存放档案。

编号时注意:根据人员增长的趋势预留一定数量的空号,以备增加档案之用;各组织或单位不能分得过细,一般以直属单位为单位,如果有二、三级单位,只能隶属于直属单位所属的层次,而不能与直属单位并列。

④ 拼音字母编号法。按照人事档案中姓名的拼音字母的次序排列进行编号。其优点有三:一是可以把姓名直接转化成拼音字母,而库房中的档案是按拼音字母的次序排列的,知晓拼音字母就可以知道档案在库房中的位置,便于零散材料的归档和及时准确地为利用者提取档案;二是稳定性好,不受汉字字形变化的干扰和汉字字体繁简的影响;三是汉语拼音方案推广多年,有广泛的群众基础,便于推广普及。其缺点是对使用者掌握标准普通话的要求较高,如果读音不准确,就会对存取档案造成一定的困难。

⑤ 职称级别编号法。按照职称级别和职位高低排列进行编号。其优点是将高级干部、高级知识分子和其他特殊人员的档案同一般人员的档案区分开来单独存放,一旦发生突发事件时便于及时转移。

3. 流动过程中的维护和保护方法

不论因何原因使用人事档案,都必须对调阅、归档及交接行为实行严格的登记和交接手续,注意人事档案在流动过程中的维护和保护,具体方法如下:

(1) 数量与顺序的控制。无论是档案管理机构内部使用还是外部利用档案,当所需使用的档案数量较大时,应按制度规定分批定量提供,并且应该要求档案使用者在使用过程中和交还档案时保持其排列秩序,以免发生错乱。

(2) 对档案利用行为的现场监督与检查。凡外部利用者利用档案,档案管理部门应在利用现场配备工作人员实行监督,随时检查利用者的利用行为,发现问题及时指出并予以纠正。有条件的档案室(馆),可配备闭路电视监控系统。

(3) 档案利用方式及利用场所的限制。档案的利用以现场阅览为基本方式,经允许的拍照或复印工作原则上由档案工作人员承担。档案利用场所应为集中式的大阅览室,一般不为利用者安排单独的阅读房间,以免发生意外。

(4) 对重要档案的保护性措施。对于重要的珍贵档案,应实施重点保护,其保护措施有:严格限制利用;即使提供利用,一般也不提供原件,而是提供缩微品或复印件;利用中要特别注意监护,必要时可责成专人始终监护利用。对重要档案的复制也应比一般档案有更严格的限制和保护性措施。

四、拓展训练

阅读以下案例并思考：用人单位应如何妥善保管劳动者人事档案？丢失人事档案会造成什么后果？

> 丁峰于2007年因刑事犯罪被北京某软件公司（以下简称公司）解除劳动关系。丁峰服刑完毕后，向该公司要求转移人事档案时得知，公司并没有将自己的人事档案交付给户口所在地的街道劳动人事部门，也未将人事档案妥善保管，导致其人事档案丢失。公司出具证明一份，证明丁峰已经被解除劳动合同，但人事档案丢失。丁峰之后多次要求公司补办人事档案，但至今公司仍未办理，因此造成丁峰不能再次就业，也不能依法享受国家规定的失业、医疗、低保救济等待遇，给他的生活造成了极大的困难。
>
> 为此，丁峰将该软件公司起诉至北京市大兴区人民法院，要求公司为其补办人事档案，并赔偿因人事档案丢失而造成的无法领取失业救济金、失业人员医疗补助等经济损失。
>
> 法院经审理认为，人事档案是公民取得就业资格、缴纳社会保险、享受相关待遇所具备的重要凭证，档案的存在以及其记载的内容对公民的生活有重大影响。公司作为丁峰的原档案管理人，在与丁峰解除劳动关系后，应当按照有关规定将档案及时转移至相关部门或者妥善保管。现因该公司未尽到转移或者妥善保管的义务，造成丁峰的档案遗失，影响了丁峰就业及享受相关待遇，并给其造成了经济损失，应承担民事赔偿责任。法院一审判令该软件公司为丁峰补办人事档案，并一次性赔偿其各项经济损失5万元。一审判决后，双方均未上诉。
>
> 资料来源：宋岚，"因离职引发的人事档案纠纷解析"，《中国卫生人才》，2012年第10期，第49页。

任务二　流动人员人事档案保管业务

一、任务要求

通过情境设计和业务演练，要求学生掌握人事档案保管工作中的各项核心业务，包括档案入（出）库管理、库房环境管理和特殊档案管理业务。

二、实训

【实训名称】业务演练
【实训目的】熟悉保管工作中的各项核心业务及其办理流程和注意事项。
【实训步骤】
（1）全班5—7人一组，分为若干小组；
（2）以小组为单位，自行设计有关人事档案保管的工作情境；

(3)小组成员角色归位,完成情境模拟和角色扮演;

(4)将小组角色分工名单、情境简介、业务办理流程及注意事项以书面形式提交。

【实训要求】

步骤2要求情境设计合理,贴近实际,包含库房环境管理、档案入(出)库管理业务;步骤3要求注意各个角色(如咨询员、库房管理员、服务窗口业务员等)的职责和工作内容。

三、业务指南

本节以北京市流动人员人事档案保管业务为例,重点介绍档案入(出)库管理、库房环境管理、特殊档案管理业务。

(一)档案入(出)库管理业务

档案入(出)库管理业务是指对档案进入或调出档案库房的过程进行管理。

1. 档案入库业务

(1)业务流程图如图4-5所示。

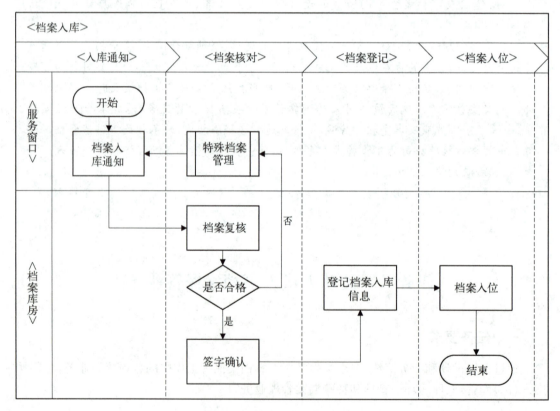

图4-5 档案入库业务流程图

(2)具体操作流程:

第一步,服务窗口填写《档案入库通知单》,将档案移交档案库房。

第二步,档案库房复核档案,包括材料与目录是否一致、是否属于同一个对象等;复核未通过的档案,退回服务窗口进行特殊档案管理后,再办理档案入库;复核通过的档案,签字确认。

第三步,登记档案入库信息,对于新增档案,登记《新增档案花名册》。

第四步,档案入库归位。

(3) 注意事项:

第一,库房管理员需对档案进行认真复核,不合格档案应退回服务窗口进行特殊档案管理后,再办理档案入库;

第二,《档案入库通知单》《新增档案花名册》归入文书档案管理。

2. 档案出库业务

(1) 业务流程图如图4-6所示。

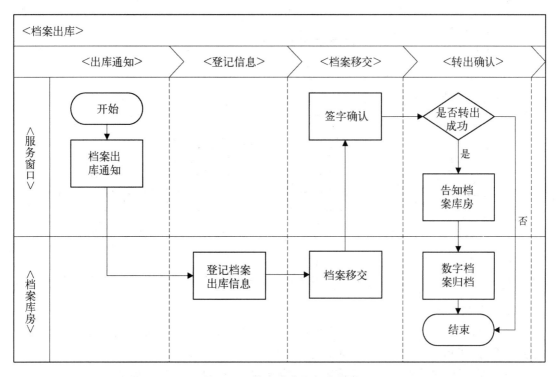

图4-6 档案出库业务流程图

(2) 具体操作流程:

第一步,服务窗口填写《档案出库通知单》,申请档案出库;

第二步,档案库房登记出库时间并签字,将档案移交服务窗口;

第三步,库房与服务窗口档案交接,并签字确认;

第四步,服务窗口对已转出的档案进行确认,若转出成功,通知档案库房;

第五步,档案库房将已转出档案的数字信息归档。

(3) 注意事项:

第一,库房和服务窗口进行档案交接时,双方均应签字确认;

第二,出库原因可能是转出、外借或其他,若转出成功,服务窗口应通知档案库房;

第三,《档案出库通知单》应归入文书档案管理。

(二) 库房环境管理

库房环境管理业务是指依据国家有关规定,档案管理机构对库房环境和设备进行管理的过程。

1. 业务流程图

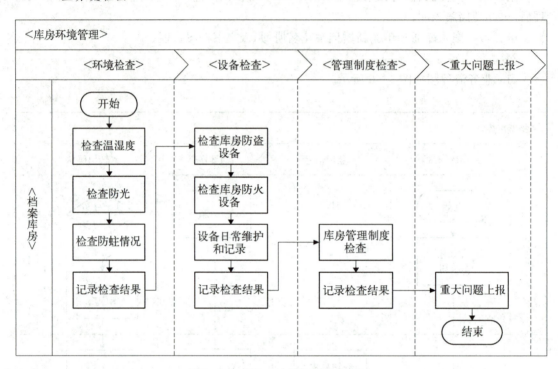

图 4-7 库房环境管理业务流程图

2. 具体操作流程

第一步,对库房的温度、湿度进行监测并记录,如果温度或湿度超标,则需调整温度或湿度控制设备,使其达到适宜的温度或湿度(温度 14℃—24℃,相对湿度 45%—65%);

第二步,对库房的防光和防蛀情况进行检查并记录,避免阳光直射档案,定期施放驱虫的药剂,使用防腐、防虫物品,采取防虫、灭鼠措施;

第三步,检查库房的防火、防盗设备并记录,做好防火、防盗设备的日常维护工作;

第四步,检查库房管理制度执行情况并记录,加强管理力度,提高管理水平;

第五步,遇到重大问题及时上报进行处置。

3. 注意事项

第一,档案库房应由专人负责管理;

第二,严格执行人员进出库制度;

第三,档案库房应定期进行以上检查并记录结果,做好防火、防潮、防蛀、防盗、防光、防高温等工作,保证库房环境安全。

(三) 特殊档案管理

特殊档案管理是指对特殊身份人员的档案和档案材料存在问题的档案进行识别、标识、登记、保存和处理的管理。

1. 业务流程图

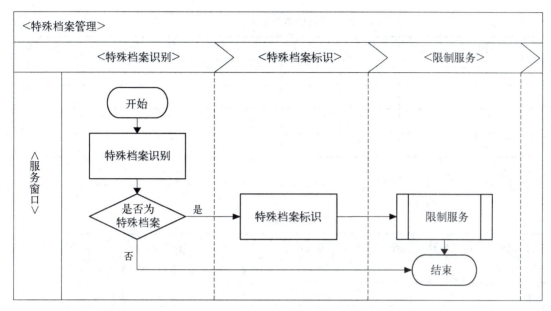

图 4-8 特殊档案管理业务流程图

2. 具体操作流程

定期进行以下检查并记录结果，采取相应措施，保证库房环境安全：

第一步，识别特殊档案；

第二步，对特殊档案进行标识，登记特殊档案信息，填写《特殊档案登记表》；

第三步，对特殊档案进行限制服务。

3. 注意事项

第一，特殊档案包括：缺乏关键材料或数据的档案；档案内容与档案目录不符的档案；档案材料混装的档案；一人多档的档案；材料严重破损的档案。特殊人员档案包括：超龄人员、出国、弃档、无死亡证明的档案；其他需要特殊管理的档案。

第二，限制服务是指档案管理机构对存档单位或个人档案进行冻结，并限制提供相关服务。限制服务分为完全冻结、部分服务限制、服务提醒三个级别，限制服务原因消除后，可降低等级或解除限制。

业务表单示例 4-1：档案入库通知单

档案入库通知单

序 号	档案编号	姓 名	性 别	身份证号	入库原因	备 注
					【 】新增【 】归还	
					【 】新增【 】归还	
					【 】新增【 】归还	
服务窗口人员签字：							
档案库房人员签字：						
入库时间：　　　　年　　　月　　　日						

业务表单示例4-2：新增档案花名册

新增档案花名册　　　　　　　　　　　　　　　年　　月

存档编号	姓名	备注	存档编号	姓名	备注

业务表单示例4-3：档案出库通知单

档案出库通知单

序号	档案编号	姓名	身份证号	出库原因	备注
				【　】转出【　】外借【　】其他	
				【　】转出【　】外借【　】其他	
				【　】转出【　】外借【　】其他	
档案库房人员签字：					
服务窗口人员签字：					
出库时间：　　　年　　　月　　　日					

业务表单示例4-4：库房环境检查记录表

库房环境检查记录表

序号	检查时间	检查人	"六防"情况	设备情况	温度	湿度	需上报事项	备注

业务表单示例4-5：特殊档案登记表

特殊档案登记表

序号	档案号	申请原因	时间	经办人签字	备注

任务三 综 合 实 训

一、任务要求

通过填写表格回顾本项目的学习内容和技能。

二、实训

【实训名称】回顾本项目学习的收获

【实训目的】系统回顾课堂知识,加深印象;培养学生勤于思考和总结的习惯。

【实训内容】认真填写下列表格。

回顾本项目学习的收获				
项目名称				
学号 姓名		训练地点		训练时间
我从本项目学到的三种知识或者技能				
完成本项目过程中给我印象最深的两件事				
一种我想继续学习的知识或者技能				

(续表)

考核标准	(1) 课堂知识回顾完整,能用自己的语言复述课堂内容; (2) 记录内容和课堂讲授相关度较高; (3) 学生进行了认真思考。		
教师评价		成绩	

【实训要求】

(1) 仔细回想本项目所学内容,若有不清楚的地方,查看相关知识链接。

(2) 本部分内容以自己填写为主,不需过于注意语言的规范性,只要能分条说清楚即可。

项目五

人事档案的利用

教学目标

知识目标

① 了解人事档案利用的地位和意义；
② 掌握人事档案利用的范围和方式；
③ 掌握人事档案利用业务的受理条件和具体流程；
④ 熟悉人事档案利用工作的相关法律规定。

能力目标

① 把握服务对象的需求，能有针对性地提供人事档案利用服务；
② 妥善处理好利用和保密的关系；
③ 通过拟写人事档案利用制度，加强利用工作的规范性，同时提高学生的文字表达能力。

案例导入

国家公务员政审概述

国家公务员政审主要强调考生本人思想进步、品德优良、作风正派，有较强的组织纪律性和法制观念。政审有两种方式，分别是面审和函审。面审就是招考单位人事部门或者市(县)人事局、组织部派专员到拟录用人所在单位实地调查访问，通过查看人事档案，约谈拟录用人的部门领导、直接主管以及人事主管等方式了解情况，最终形成政治审查报告；函审指的是招考单位人事部门或者市(县)人事局、组织部通过发公函的形式调取拟录用人的档案，通过档案完成政治审查。这两种形式都需要考生提供未婚证明(计划生育证明)、无犯罪记录证明书等证明材料。

一、内容

为保证录用考核工作顺利进行,各地根据需要可成立临时性的考核工作班子,具体负责录用考核的组织协调工作。

(1) 录用考核的对象是经考试、体检合格的人员。

(2) 录用考核的内容为德、能、勤、绩四个方面。德主要指政治思想表现、工作作风、职业道德和品德修养;能主要指从事本职工作所具备的基本能力和应用能力;勤主要指事业心、工作态度和勤奋精神;绩主要指工作实绩,包括完成工作的数量、质量、效率和所产生的效益。考核的重点是被考核人的工作实绩和与拟补充职位相关的实践经验。

(3) 考核结果分合格和不合格两种。录用考核中发现下列情况之一者,视为不合格:① 对党的路线、方针、政策和国家的法律有抵触行为的;② 受过刑事处分的;③ 受行政处分未解除处分的,受党内警告、严重警告处分未满一年的,受撤销党内职务以上处分未满两年的;④ 有流氓、盗窃、贪污、赌博、诈骗等不法行为的;⑤ 组织纪律松懈,经常违反本单位规章制度的;⑥ 一年内病假累计超过两个月的;⑦ 超计划生育的;⑧ 有其他不宜到机关工作的问题。

(4) 考核工作程序。① 组织准备。有关政府人事部门会同用人单位根据考核任务,组成考核工作班子,研究制定考核实施方案,落实工作人员,组织若干考核小组。考核小组必须由两名以上人员组成,并须经必要的培训。② 考察。各考核小组分赴有关单位对被考核人进行考察。考察一般采取查阅档案、听取所在单位领导或组织情况介绍、个别谈话、召开座谈会等形式进行。考核小组根据考察情况,按照考核标准进行测评,并写出考察报告,提出考察结果意见。考察报告要求全面客观地反映被考核人的情况,并附必要的证明材料。证明材料要求有证明人签字或加盖有关单位公章。③ 审核。考核工作班子审核考核小组提出的考察报告和考核结果意见,集体研究后确定考核结果,由用人单位负责通知被考核者本人,并作为决定是否录用的重要依据。

(5) 公务员录用考核工作必须贯彻执行回避制度,工作人员如有亲属在被考核人之列,应在所涉及的工作中实行回避。

(6) 各级政府人事部门和有关单位要加强对公务员录用考核工作的领导,选派党性强、作风正派、办事公道的人员参加考核工作。同时,要采取必要的公开措施,接受社会监督。严禁徇私舞弊,弄虚作假,杜绝拉关系、走后门等不正之风。

二、流程

通常由用人单位人事部门的官员,亲自到考生原所在单位或档案管理单位进行考察或直接调阅档案,一般来说,公务员招考的政审包括以下几个步骤和方法:

(1) 考生填写《考生情况登记表》。

确定自己进入了考察,考生要向招考单位提交网上下载的《考生情况登记表》,表格中,需要如实填写本人思想政治、学习、生活等各方面的基本情况,及家庭成员和主要社会关系等方面的内容,便于政审人员考察了解。

(2) 考察小组对考生进行组织考察。

招考单位人事部门或者地方有关政府的人事、组织部门,派两人以上的一个考察小组,到考生所在单位(学校),召集同事(同学)、领导(老师)等有关人员以及考生本人,进行座谈或个别面谈的方式。通过与人交谈来了解考生各方面的现实情况,并听取大家对考核对象的意见。

对应届毕业生的考察,要听取所在院校系、班级、毕业分配办公室等意见,查看学生档案,还会到考生家庭主要成员的单位或街道,了解他们的现实表现及历史情况,通过查档,了解社会关系是否清楚。

对社会其他人员的考察,要向考生所在单位、户籍所在地和居住地派出所、居(村)委会等了解情况,查阅考生档案,并由其所在单位的组织人事部门出具个人表现的证明材料;到派出所了解考生本人及家庭成员有无违法犯罪情况,了解清楚有无海外关系,由派出所出具证明意见。

(3) 审核考察结果和写出考察报告。

考察结束后,考核小组会根据考察情况,按照考核标准进行测评,并写出考察报告,提出考察结果意见。最后由考核工作班子审核,再集体研究后确定考核结果,并由用人单位负责通知被考核者本人,决定是否录用。公务员招考的考察和政审期一般为60天,自公布考察和政审对象名单之日起计算。

各地区的政审内容基本相同,一般程序都是:① 主管局派人到你单位组织召开座谈会,了解相关情况;② 调查你的档案中是否有受处分及刑事处罚的记录。

资料来源:中公教育,《2013年国家公务员政审概述》,http://wenku.baidu.com/link? url = rrn2cVBwVt2P3jN66uBsQ04l78iMdnVVQbpIuy6IdMH-JadV2R2Bg2pUuuggDEvhUI1WNs0awGlvhUY_0JsNzRLY1l15Flmj2ptVgqVhg7H3

思考:假设有关工作人员到你单位查阅被考核人的人事档案,你将如何配合公务员政审的相关工作? 人事档案管理人员在提供利用服务时需注意哪些方面?

任务一 人事档案利用的理论基础

一、任务要求

了解人事档案利用的地位和意义;妥善处理好利用与保密的关系;掌握人事档案利用的范围、方式及基本业务手续,增强利用工作的规范性和有效性。

二、实训

(一) 实训一

【实训名称】人事档案"保密"与"公开"辩论赛

【实训目的】理解保密与公开的含义,处理好利用与保密的关系。

【实训步骤】

(1) 辩论准备。双方做好充分准备,推选正方、反方辩手各 5 名;主席 1 名;计时员 1 名。

(2) 开展辩论。经过一辩陈词、双方攻辩、一辩小结、自由辩论、总结陈词、观众提问 6 个环节。要求观点鲜明,论证充分,分析透彻严密;表达流畅、层次清楚;反应灵敏、配合默契。

(3) 评分总结。

(二) 实训二

【实训名称】拟写人事档案利用制度

【实训目的】通过利用制度的拟写,加强利用工作的规范性和有效性。

【实训步骤】

(1) 5—7 人一组,成立虚拟单位;

(2) 讨论制定本单位人事档案利用工作制度;

(3) 每组派代表在全班宣读本单位制定的人事档案利用工作制度。

【实训要求】

步骤 1 要求成立的虚拟单位可以是存档机构、机关事业单位、企业或人力资源服务机构等;步骤 2 中经过小组成员讨论形成的人事档案利用工作制度,应符合国家和地方政策法律规定,根据所成立单位的性质、规模、机构设置和发展要求制定,条款内容应完整合理。

三、相关知识链接

人事档案的利用工作是人事档案管理部门以所收藏的人事档案材料为依据,通过一定的方式和方法,为人事工作和其他工作提供服务的一项业务工作。

(一) 人事档案利用的地位和意义

1. 人事档案利用是人事档案工作发展的动力

假若没有利用,人事档案工作就失去了存在的价值。人事档案以档案形成为起点,以管理为基础,以利用为目的,以产生的社会效益和经济效益为效果。人事档案工作的成效和功能直接体现在利用服务上,这是人事档案工作的出发点和归宿。所以,人事档案工作者既要做好保密工作,又要合理有效地开展利用服务。人事档案利用服务既是人事档案工作发展的动力,又是人事档案事业的生命力所在。只有借助利用服务,才能使死材料变成活信息,才能体现出人事档案的价值,充分发挥其作用,使人事档案工作得到领导重视和各方面的支持,促进人事档案工作的开展。

2. 人事档案利用是衡量人事档案管理工作质量优劣的重要标尺

人事档案管理部门对档案的收集、鉴别、整理和保管等一切工作都是为了利用。人事档案之所以能够被利用,提供有价值的信息是档案工作人员辛勤劳动的成果。该成果质量的优劣可通过利用服务得到实践的检验和回答。如果人事档案外观整齐美观、数量收集齐全、内容翔实准确、目录具体清楚、材料排列有序、保存完好整洁,利用起来有案可循、方便高效,就说明日常的人事档案管理工作是高质量的。相反,如果提供的档案在查阅中应予提供的档案材料在档案中没有，就说明档案内容不完整，收集不齐全；如果材料杂乱无章或不该归入的也归了，就说明鉴别和分类工作质量不高，整理工作没有做好，档案工作还在低水平上徘徊。所以，通过提供利用不断得到信息反馈，检查发现工作中的问题，有利于总结工作，及时改进。

3. 人事档案利用是人力资源合理开发和使用的必要条件

人事档案对一个人的经历、品德、学识能力和业务水平等主要情况都有准确而全面的记载，为合理选拔和使用人才、充分发挥人才优势提供了可靠的依据，因此，正确处理好利用和保密的关系，尽量拓宽利用服务面，为人力资源的开发、配置和使用提供可靠的科学依据，有利于克服用人的盲目性和随意性，纠正用人唯亲、以权谋私等不正之风。

4. 人事档案利用是人事档案业务工作的中心环节

人事档案业务工作诸环节中，利用服务处于主导地位，是人事档案管理的中心环节，因为它直接与利用者发生关系，直接体现人事档案工作的政治性和服务性，体现整个人事档案工作的作用和成果。人事档案工作从古到今能够得以存在和发展，主要在于它的利用价值，而价值是通过利用服务来体现的。

因此，人事档案利用工作始终是人事档案业务基础建设工作中的一个重要环节，可以透视人事档案工作的全貌。收为用，整为用，管为用，人事档案的一切工作都是为了利用。没有利用工作，人事档案的作用就不能具体体现出来；没有利用工作，人事档案工作就不能生存和发展；没有利用工作，人事档案工作的质量就没有衡量标准。

(二) 人事档案利用工作的要求

人事档案利用工作的基本要求是：在维护人事档案秘密和安全的前提下，积极稳妥地为利用者提供优质服务，充分发挥档案资政作用、体现凭证价值。具体要求如下：

(1) 单位的人事部门应根据有关规定和本单位人员的职务级别情况，制定查阅人事档案的范围、批准权限、登记手续以及查阅注意事项等制度，保证利用工作有章可循。

(2) 查阅、借阅人事档案必须是因工作需要，并按规定办理查阅或外借手续。未经组织授权，任何人不得查阅人事档案。

(3) 严格限制查阅、借阅人事档案人员的政治身份。

(4) 查阅人事档案人员应遵守保护个人隐私的规定。

(5) 严禁本人查阅、借阅自己和直系亲属的人事档案。

(三) 人事档案利用服务的范围

人事档案利用服务的范围主要是指可以向哪些组织和部门、因何种工作需要利用人事档案以及可以利用什么内容。包括对内利用服务和对外利用服务两种。

1. 对内利用服务

对内利用服务是指该人员（相对人）的所在单位或上级主管、协管单位的组织、人事部门申请利用人事档案。这种利用服务的前提是必须通过利用人事档案才能完成工作任务，以研究解决该人员的问题为主。

对内利用服务范围主要有：① 组织对人员进行考察了解；② 办理人员职务、职称呈报与审批事宜；③ 审批人员的工资、福利、待遇及办理离休、退休手续；④ 呈报或审批人员的入党、入团、参军、提干、出国等事宜；⑤ 核实或审定人员的政治历史、参加工作时间、入党时间、年龄、学历、学位以及某阶段的主要表现情况；⑥ 纪检、监察部门办理党员、工作人员违纪、违法案件及有关审查处理事宜；⑦ 商办人员的调动事宜；⑧ 死亡后撰写悼词、生平；⑨ 编史修志工作需要提供相对人的经历和社会实践情况，而相对人已死亡或病重或其他原因无法提供情况的;⑩ 办理与相对人有直接关系的其他事项,必须利用人事档案的。

2. 对外利用服务

对外利用服务是指外单位和非主管单位申请利用人事档案。一般限于以下情况:① 相对人因违法乱纪受到法律追究,有关部门需要查阅其人事档案的;② 相对人是他人政治历史问题或其他问题的主要证人,而本人已死亡或病重不能口述或其他原因不能提供证明材料的;③ 相对人与重大案件或重大事件有直接关系,而本人已死亡或病重或其他原因不便由本人直接提供情况的;④ 相对人是某史志中的重要人物或与某事件直接相关,而本人已死亡、病重或其他原因不能提供情况的。

人事档案自形成之日起直至相对人死亡的长时期内,都保存在人事档案管理机构,处于封闭期,机密性强,利用服务的范围受限。随着人事制度改革和社会信息化进程的提高,人事档案利用服务范围可能会适当调整。

一般来讲,遵循利用服务范围和人员管理范围相一致的原则,在人事管理权限没有改变前,人事档案管理部门对档案的利用服务范围不能变动,而且要做到内外有别。对内部的利用服务是人事档案利用服务的主要方面,档案管理部门对符合利用手续的应无条件地给予提供;对外部的利用服务是在特定条件下对人事档案的利用,档案管理部门应根据不同情况决定是否给予提供或限制提供档案内容。例如,某人是所要撰写的革命史中的重要人物,需要了解其情况时,一般应找本人口述,人事档案不予提供利用,若确因本人已经死亡或因病不能口述时,可以提供人事档案的履历和自传部分。又如,某人要求调动工作,未征得所在单位的组织、人事部门同意,接收单位要求查阅该人档案,档案部门要按人事管理权限,征得主管人事部门同意后,方能提供利用。

(四)人事档案利用服务的方式

人事档案利用服务的方式是指档案管理机构在符合利用服务的范围内,所进行利用服务的具体形式,主要包括查阅、外借、出具证明等。

1. 查阅

查阅是利用者到人事档案管理部门去查看所需要了解的档案材料。人事档案部门在提供查阅利用服务时,按照查阅的要求,可以提供人事档案的原件或复制件,也可以提供人事档案资料卡片或人事档案信息。

根据《干部人事档案工作条例》第三十一条的规定,因工作需要,符合下列情形之一的,可以查阅干部人事档案:① 政治审查、发展党员、党员教育、党员管理等;② 干部录用、聘用、考核、考察、任免、调配、职级晋升、教育培养、职称评聘、表彰奖励、工资待遇、公务员登记备案、退(离)休、社会保险、治丧等;③ 人才引进、培养、评选、推送等;④ 巡视、巡察,选人用人检查、违规选人用人问题查核,组织处理,党纪政务处分,涉嫌违法犯罪的调查取证、案件查办等;⑤ 经具有干部管理权限的党委(党组)、组织人事部门批准的编史修志,撰写大事记、人物传记,举办展览、纪念活动等;⑥ 干部日常管理中,熟悉了解干部,研究、发现和解决有关问题等;⑦ 其他因工作需要利用的事项。

干部本人及其亲属办理公证、诉讼取证等有关干部个人合法权益保障的事项,可以按照有关规定提请相应的组织人事等部门查阅档案。复制、摘录的档案材料,应当按照有关要求管理和使用。

为方便利用者查阅档案材料,人事档案管理部门应提供固定的查阅场所,选择宽敞明亮、环境安静的地方作为阅档室,面积可根据本单位情况自定。同时,应配备适当的桌椅和服务设施,为查阅创造良好的环境条件。阅档场所、整理场所、办公场所应"三分开",如果混用,既不利于查阅,也不利于档案的保管和安全。

作为人事档案提供利用的主要方式,查阅具有以下优点:① 查阅可以满足大量的人事工作需要,适应于普遍的利用。② 查阅不仅有利于档案利用,还有利于档案保密,材料不出门,可以有效地防止利用中的泄密和丢失。③ 到档案室查阅,档案周转速度快,有利于及时给多方面提供利用。④ 便于查阅者得到人事档案管理人员的指导和帮助。⑤ 对外部提供利用时,档案管理人员可以监督利用者查阅指定范围的内容。

2. 外借

外借是组织、人事、劳动部门为了完成某项人事工作任务,通过查阅不能满足其需要时,必须将人事档案或人事档案材料借出使用而采取的一种利用服务方式。它是人事档案管理部门满足人事工作某种特殊需要而采取的一种变通的服务方式。

实际工作中,人事档案或人事档案材料外借必须有正当理由,并经过主管部门负责人的批准。外借一般有以下几种情况:① 上级机关因办理或审批有关组织、人事工作的事项(任免、出国、提干等)需要借用人事档案;② 单位领导或组织、人事、劳动部门因工作需要借用本单位保管的人事档案;③ 商调工作人员需要将该相对人档案寄送接收单位审查的;④ 审查和批复相对人政治历史问题、"三龄"(年龄、工龄、党龄)、学历、学位等问题,需要对该相对人档案中有关材料进行详尽了解和研究的;⑤ 人事档案的内容需要领导亲自过目或需要集体讨论研究有关问题的;⑥ 入党、入团时进行审查及办理手续中需要借用人事档案的;⑦ 相对人受组织处理或与某案件有关,执法、纪检、监察等部门需要详细查阅其有关情况的;⑧ 因组织、人事、劳动工作特殊需要必须借用人事档案的;⑨ 其他特殊情况,主管领导同意借出的。

查借阅人事档案需由查借阅单位开具介绍信,将何单位、因何事去何单位查何人档案等内容叙述清楚。干部档案查借阅手续更为严格,还需填写干部档案查借阅审批表(如表5-1)。

表5-1 中管干部档案查借阅审批表

项目	内容	姓　名	单　　位	职　　务	政治面貌
查档对象					
查档人员					
查档事由					
查档内容		(如需复制,须明确提出复制要求并列出材料明细)			
查档单位意见		领导签字:　　　　　　　　　　　　　　（公　章） 　　　　　　　　　　　　　　　　　　　年　　月　　日			
中共中央组织部	主管部门意见	年　　月　　日			
	领导批示	年　　月　　日			

查阅是人事档案利用的主要方式,外借是为满足人事工作某种特殊需要而采取的一种变通的服务方式。《干部人事档案工作条例》和《企业职工档案管理工作规定》都明确要求,凡查阅人事档案,利用单位应派可靠人员到保管单位查阅室查阅,档案一般不外借。之所以作出这种规定,是因为档案被借离保管单位后,借用单位的保管条件没有人事档案部门规范和安全可靠,外借会加速档案的磨损老化,缩短档案的寿命;人事档案借出后,被哪些人查阅、摘抄、复制等利用情况难以及时了解和控制,容易造成失密和泄密;人事档案属于"孤本",借出后就无法满足其他利用者的查阅,若借出过多、过于频繁,将会影响正常的利用服务。

3. 出具证明

档案证明是指人事档案管理部门根据有关档案用户的申请,为核查某种事实在库存档案中的记载情况,根据档案原件编制的书面材料证明。

人事档案是相对人基本情况、德能勤绩各方面表现及经历的原始记录,是组织上为了解、培养和使用人员建立起来的,具有专指性、动态性特征。人事档案反映一个人的情况是通过全部档案材料综合反映的,不能仅靠其中某一份或某一条材料为依据。为此,人事档案管理部门一般不利用档案原件开具证明材料,证明他人他事。人事档案利用服务实践表明,人事档案管理部门出具证明的服务一般在以下几种情况提供:

(1) 要查证的问题与该相对人有直接关系,而相对人已经死亡、病重不能口述或其他原因不便提供材料,而该相对人的人事档案中确实有能证明该问题的文字记载的;

(2) 该相对人子女因政治审查必须由组织出具书面材料证明其身份和有关情况的;

(3) 司法、公安、监察、纪检等部门因工作需要了解某相对人身份和有关情况的;

(4) 其他特殊需要,经人事档案部门主管领导批准应予开具档案证明材料。

人事档案部门不是公证机关,不能代替其他部门的职权和任务。档案部门出具的证明,只能反映机关或个人要求证明的某个事实在档案中有无记载和何处记载的,不能直接对某个问题下结论或附加结论,也不可擅自对档案材料作出解释。在实际工作中,如发现档案的原文在内容方面有矛盾时,档案人员应当把几种不同的档案信息内容一并列入档案证明,以供档案利用者分析、研究和参考。对档案原文中所出现的个别难以理解的词语或事件,档案人员也可以进行必要的注释或说明。

小知识

制发档案证明与调查证明材料

在实际工作中,制发档案证明与调查证明材料是不同的,切不可加以混淆。

制发档案证明是由用户申请、经人事档案部门根据档案原件编制的书面证明材料。制发档案材料证明是一项政治性、政策性很强的工作,应遵循下列程序进行:① 它必须根据有关机关、单位的申请,填写开具档案证明申请表。申请表应写明申请出具档案证明的目的,所要证明的事项和事实。② 坚持实事求是和具体问题具体分析的原则。能按照档案原貌复印的就复印;能够引用或节录原文的,应尽量引用或节录原文,并做到引用或节录的内容、字、句、标点符号以及数字等与原文相符;必须根据档案内容进行综合概括或摘录时,务求保证表述和摘录的客观性、真实性和准确性。但不论采取哪一种形式,都必须注明材料的来源和出处。③ 编写好的档案证明,必须认真地对照原文进行审核,确认无误后方能加盖公章。④开具的档案证明实行一式两份制,并编写号码,一份交申请制发证明的利用单位,一份留存。

调查证明材料是为加强人事管理、党员管理和审查案件的需要,党委、政府、企业、事业单位的组织、人事部门、政治部门及公安、保卫部门直接相互发函或派人调查证明材料。发函调查证明材料时,一律使用《函调证明材料信》,并附调查提纲;派人外出调查证明,应开写《调查证明材料介绍信》,并提出内容明确、文理通顺的调查提纲。提纲内容包括:因何事需要索取证明材料;需要从何人的人事档案中查取证明材料,该人员与所要查证的人或事情有何直接关系;需要索取该人员在何时何地何情况作证明。证明人所在单位收到《函调证明材料信》或接待外出调查人员后,组织上应负责督促证明人认真负责、实事求是地尽快写好证明材料。证明材料写好后,应由本单位负责人审阅,并在材料证明上注明证明人的政治情况(不要在证明材料上批注断语,如"可靠""仅供参考"之类的词句),加盖机关调查材料证明专用章,连同原函调回信和调查提纲一并发往调查单位。派人调查者,材料可交调查人带回。

资料来源:邓绍兴,《人事档案教程》,中国传媒大学出版社,2008年,第358页。

四、延伸阅读

人事档案何时掀起盖头来——试析人事档案知情权

近年来,因人事档案引起的纠纷、争议甚至诉讼,在各媒体频频曝光。据《东方新报》2003年7月17日报道,青年作家汤国基近日因名誉被侵权状告母校益阳城市学院(原益阳市师范专科学校),起因是其就读益阳市师范专科学校期间,档案中写有"该生长期患有头昏、失眠等疾病,有时有精神反常现象"的评语,因档案中这一记录,致使其大学毕业后,一直无法找到工作,生活极不稳定。另据2003年5月7日《文汇报》报道,上海理工大学2001届毕业生陈某毕业后被一公司录用,半年后他办理了辞职手续,可令他困惑不解的是在以后的求职路上屡屡碰壁,后来通过律师调查取证,方知问题出在那次跳槽时人事档案里埋下了祸根。该公司在陈某的档案中塞进了两份无中生有的记录,一份是记过处分,另一份是公司对他的除名决定。面对档案中的黑材料,陈某用法律捍卫了自己的合法权益,最终法院判决撤销原告档案中的两份不实记录,被告公司赔偿陈某经济损失7 130元。

上述关于人事档案"恶作剧"的两案虽然终结,却给人事档案工作者留下了无限的思考:人事档案何时能掀起"盖头"?人事档案何时能揭开"神秘面纱"?如何增强人事档案的"透明度"?怎样赋予当事人对自己人事档案的知情权?笔者多年来一直接触人事档案,对此问题有颇多感触,现就上述问题谈点粗浅之见,以期抛砖引玉。

(一)人事档案知情权的含义

所谓人事档案的知情权,主要是指当事人合法拥有对本人人事档案材料内容状况及其利用情况等知晓的权利。知情权是现代民主国家中公民的一种基本人权,它是衡量一个国家民主政治水平的重要尺度。人事档案是组织在人事管理活动中形成的记录、反映个人经历和社会实践的材料,与公民的关系最为密切,然而,由于多方面因素的影响,我国的人事档案管理在对公民的知情权保护问题上一直存在着某些不足。在保护知情权成为社会共识的今天,档案界应该高度重视公民在人事档案领域里有关知情问题的研究和实施。

1. 当事人对自己人事档案内容的知情权

人事档案作为国家规定的保密材料,在其所有材料中,除干部任免表、工资调整表、处分材料等由组织、人事、监察等部门填写外,其他材料如干部履历表,各种学历、培训材料,专业技术职务评聘材料,考核材料以及奖励材料等均为个人填写,本身无神秘可言。我们主张赋予当事人对自己人事档案内容的知情权,主要是指当事人有权了解所在单位及组织、人事部门的评价意见、鉴定结果等情况。根据规定,年度考核表、入党志愿书、毕业生登记表等有群众意见或单位意见的材料,在入档之前必须与个人见面,个人如有异议,可以进行申诉。特别强调的是,单位对个人作出的各种处分(理)决定,必须以国家政策、法规为依据,必须有单位集体会议的研究决定,尤其像除名等影响个人前途、命运的处分(理)决定,单位一般应通知当事人,先给其改正的机会或申诉时间,一旦作出处分(理)决定,一般都应将结果告诉当事人,然后再根据档案管理规定将相关材料放入其人事档案中。

2. 当事人对自己人事档案被利用情况的知情权

一般来说,对人事档案的利用是有严格规定的。当事人有权了解查阅其人事档案的外单位名称、利用者姓名、利用目的、查阅内容、利用时间、查阅结果、利用者评价等情况。

(二) 现行人事档案管理在保护知情权方面存在的不足

1. 历史因素使人事档案披上了"神秘面纱"

中国人民大学邓绍兴教授认为,使人事档案蒙上"神秘面纱"最首先的是历史原因。由于人事档案工作开始于抗日战争时期,又在"整风运动"中发展起来,所以,它的内容注重德方面的比较多,反映才方面的则比较少。在以阶级斗争为纲及计划经济的岁月里,人事档案是不可告人的秘密,档案的功能曾被极左力量扭曲而变异,成了害人和整人的"武器库"和"弹药箱",受其影响,材料只要进了人事档案,密级迅速提高,不得只字泄露。事实上,人事档案材料与其他档案材料一样,其保密性是根据国家的有关规定而确定的,不能因保管部门的不同而密级有别,人事档案材料密级也应遵循密级递减的规律。当然,我们不否认人事档案的保密性,但保密绝不等于神秘。

2. 现行的有关人事档案法律、法规、制度使人事档案与个人绝缘

长期以来,人事档案工作一直是在组织、人事部门的领导与管理下进行的,人事档案自然成为组织、人事部门的专用附属物,公民在人事档案领域没有知情权。1990年颁发的《干部档案工作条例》中规定:"任何个人不得查阅或借用本人及其直系亲属的档案";不仅普通公民很难见到本人的人事档案,而且管理人事档案的当事人也无法接触到本人的人事档案。可见,我国已用法律、法规的形式规定了所有公民对本人的人事档案均无知情权。在我国,人事档案成了各级组织发现、考察、培养、使用人的重要依据,个人接触、利用自己的人事档案反而成了违规行为。

(三) 公民对本人人事档案有知情权的依据

1. 人事档案的内容本身决定了其可以向个人开放

人事档案中的材料真的需要与个人绝缘吗?事实并非如此。就干部人事档案而言,

1990年颁发的《干部档案工作条例》将人事档案分成十大类别,主要内容包括履历材料,自传材料,鉴定、考核、考察材料,学历、学位和技术职务材料,政治历史的审查材料,党、团材料,奖励材料,处分材料,录用、任免、聘用、转业、工资、待遇、出国、退(离)休、退职材料及各种代表会代表登记表等材料,其他可供组织上参考的材料。这些材料中的大多数出自本人之手,有的是本人填写组织上盖章认可的,有的是组织填写本人签字同意的,有的是组织根据本人情况实事求是的记录(如成绩单、工资表等),绝大部分内容本人已经知道,只有少数材料本人只知道结果,而不知道全部过程和具体内容,如鉴定、考核、考察材料和政治历史审查材料等。由此可见,人事档案材料中真正需要对本人保密的材料只是一小部分,而非全部,而且这一小部分的保密期应是暂时,而非永久的。

2. 国外人事档案管理给我们的启示

西方国家非常重视公民对本人人事档案知情权的维护,美国"为纳税人服务"的思想在人事档案管理中得到了充分体现,人事档案内容向个人开放,每个雇员都可以上网查阅自己的某些人事档案内容,如工作履历、提薪情况等。每个雇员的工作任务,由其上司分配确定,每半年对其工作进行评估,年底作出鉴定,上司对雇员的鉴定要与本人见面,如雇员对本人的鉴定不满,可向更上一级领导反映,以取得公正的评语。美国人事档案管理的做法启示我们:人事档案管理工作应当以人为本,对不属于保密范围的材料,个人应享有对自己档案的知情权,个人有权知道自己档案的目录内容,使自己的合法权益不受侵犯。人事档案信息向个人开放,不仅可以方便公民,而且可增强公民的档案意识,有利于加强对人事档案管理工作的监督,使人事档案工作更好地为公民服务。

(四)人事档案向个人开放的措施

人事档案向本人有条件开放,既要加强舆论引导,又要做好对开放的规范,同时要加强对人事档案现代化管理,三者不可偏废。

1. 加强舆论引导

我们倡导人事档案向本人开放,无疑与传统人事档案管理的理念不同。所以,必须加强舆论引导。组织、人事、劳动、档案等部门全力营造公民对自己人事档案有知情权的舆论。在人事档案材料收集过程中,除了通过组织渠道收集外,还应该向公民宣传材料归档范围,使他们明白自己的档案里到底有些什么,让当事人主动提供有价值的信息材料。在人事档案利用工作中不搞神秘化,力争打破公民对人事档案的神秘感和陌生感,使公民认识到按规定履行一定的手续,就可以利用本人人事档案解决实际问题。

2. 完善、修改现行的人事档案法律、法规

法律、法规是人事档案向本人开放的根本保证。所以,必须完善和修改现有的档案法律和人事档案法规,才能保证公民可以合法地查阅本人人事档案。人事档案向本人开放本身并不是对现有人事档案管理制度的全面否定,而是对已有人事档案管理制度的完善和发展。鉴于人事档案的特殊性,人事档案向本人开放应当有所规范,并且必须设置合理的限制条件:一是确有利用本人人事档案的需要;二是无社会及人事档案负面效应。基于以上两点,我们对利用本人人事档案材料的申请要认真审核,严格把关;必须全面监督用档过程;同时,应该依据人事档案材料本身的涉密程度和影响范围,重新制定秘密等级、保密期限、使用范围划分等方面的规范。

3. 加强人事档案现代化管理

加强人事档案信息数据库建设及建立和完善人事档案信息网络服务是人事档案实现向本人开放的基础和前提。人事档案管理信息系统是信息时代对人事档案信息存贮和利用的必然要求,也是人事档案信息资源共享的先决条件,对人事档案知情权的一种有效保障。

资料来源:郑美虹,"人事档案何时掀起盖头来——试析人事档案知情权",《档案学研究》,2005年第5期,第25—27页。

中美人事档案利用之比较研究

在信息全球化、人才国际化的今天,世界各国对人事档案信息资源利用工作甚为重视,并为做好这项工作投入了大量的人力、物力、财力。然而,由于文化传统、政治制度各异,经济实力、科学水平等条件不同,各国在人事档案利用方面也存在较大差异。本文试图比较中美两国人事档案利用的异同及其成因,探索我国人事档案利用的发展方向,希望对我国人事档案信息资源的开发和利用有所裨益。

一、中美人事档案利用比较

1. 中美人事档案利用的共同之处

(1)重视档案利用价值。人事档案是国家机构、社会组织在人事管理活动中形成的,反映个人社会经历、德才能绩等方面的数据和信息的原始记录。中美两国各级政府、部门领导以及档案工作人员都充分认识到人事档案是现代社会人力资源管理的重要工具,在促进人才合理流动以及实现人才优化配置方面能发挥重要作用,利用人事档案信息资源能使机关工作正常开展,能使社会秩序良性运行。

(2)档案利用纳入法制轨道。运用相关法律规定、档案规章制度保障人事档案利用工作正常进行是中美人事档案利用工作的共同特点。翻开中美两国的档案章程、档案规则或档案法,都设有档案利用的专门条款,这些条款、章程为利用者利用档案提供了法律保障,使利用档案的权利不受侵犯。

(3)档案利用遵守保密原则。人事档案作为一种信息资源,它记载了档案主体个人的自然情况(姓名、性别、出生地、出生年月、家庭成员)、个人健康、婚姻状况、财产收入情况、职业经历、奖励情况、专业特长等方面的信息,其中有涉及个人隐私的内容。中美两国在采集人事档案信息、利用人事档案时都规定必须以尊重档案主体的隐私为前提,不得随意公开与扩散档案主体的隐私信息。

2. 中美两国人事档案利用不同之处

(1)档案利用对象不同。在美国,所有的人事档案只对本人或他授权的人开放,不向公众提供利用,在某些州,未经人事档案主体授权的人看他人档案是违法的,执法人员也不例外。在为人事档案利用提供服务的对象上,我国与美国人事档案利用形成鲜明对比。我国人事档案主体不能随便查阅自己的档案,而各级党委、组织、人事部门对这些档案可以做到一览无遗。

(2)档案利用程序不同。在美国,利用人事档案程序主要包括以下三步:第一步,提交书面授权书。如果利用者是档案主体本人,则提交一份附有正式签名和日期的申请信;如果利用者不是档案主体本人,并且档案主体还健在,则提交档案主体授权的签名信;如果档案主体已经死亡,则提交死亡证明。第二步,提交便于文件中心确认文件所需的信息,包括档案主体任职期间使用全名、出生日期、社会保障号、任职机构名称、任职时间和离职时间。第三步,列出所需利用的文件或信息,说明利用目的。而我国人事档案在利用程序上则是:上级领导以及负责管理本单位人事档案的部门领导手续可免,非上级领导或非组织人事部门领导查阅时则需履行审批手续和查阅登记。外单位必须是党员干部且得凭借工作证、调查介绍信、行政介绍信,并在查阅单位填写《查阅人事档案审批表》,得到领导同意后方可查阅。

(3) 档案利用实施方式不同。利用网络查询人事档案信息是美国人事档案利用的主要方式(要查询个人更隐私的信息需要到相关人事档案室查阅)。一方面,美国人事档案利用遵照《信息自由法》的规定,积极提倡保障档案主体的知情权,对人事档案采取"依申请公开"的方式,只要是在法律许可的范围内,人事档案必须向符合条件的利用者开放。另一方面,又严格遵守《隐私法》的规定,人事档案的提供利用必须以尊重档案主体的隐私权为前提,对不能开放的内容坚决予以保护。而在我国,许多单位的人事档案管理工作还处于手工管理阶段,全国性的人事档案网络尚未形成。要查阅或复印人事档案信息必须经过一系列审批手续后,档案管理人员才能提供人事档案原件为利用者服务,而且在整个使用过程中,档案工作人员根据利用者的需求提供相应的材料。

二、中美人事档案利用存在差异的原因分析

1. 人事档案管理体制的差异

在美国,公有系统的人事档案管理实行集中管理的体制。美国联邦政府的人事档案管理权集中在人事管理总署、国家档案与文件署中,这两个部门通力协作,共同加强对政府系统人事档案的控制。国家档案与文件署是美国政府系统的档案行政领导中心,它们制定机关人事档案管理政策、程序和标准,为人事档案价值的实现提供制度保证。美国私立系统的人事档案管理一般实行分散的管理机制。人档分离是它最突出的特点,这种管理机制能保障流动人员的权益,使档案主体所在的企业或公司对档案主体在本单位时的所有信息具有专有权,也便于各企业、公司对员工人事档案的管理。

我国长期以来实行集中统一和分级负责的人事档案管理体制。几十年来,这种管理体制在推动人事档案事业发展、正确培养考察与选拔任用人才、促进人事制度改革、保障职工权益等方面发挥了积极作用。然而,随着社会主义市场经济的发展,我们应当适度、有效地借鉴国外人事档案管理的先进经验,以促进我国人事管理制度的完善。

2. 人事档案管理模式差异

在美国,人事档案管理工作是在政府部门与档案管理部门的密切合作下进行的。公有系统的人事档案一般采取的是集中管理模式。各级政府机构和其他公立组织的现职人员的人事档案均由所在机构的人事部门集中统一保管。非现职人员的人事档案由国家人事文件中心集中保管。私立系统的人事档案一般采取分散的社会化管理模式。企业、公司与其他私立组织雇员的人事档案往往由本单位的人事部门保管,如果雇员出现死亡、辞职或工作调动等情况,其人事档案仍然保留在原供职单位。在某些情况下,企业、公司或其他私立机构也把进入半现行期的员工档案移交到商业性文件中心寄存(根据文件周期理论,文件从形成到销毁或作为档案保存呈现出明显的阶段性特征,分为现行期、半现行期、非现行期三个阶段)。雇员进入新的单位后,就建立起新的人事档案。

在我国,无论是党政机关、企事业单位的人事档案,还是随着市场经济发展而产生的人事代理的人事档案管理,实行的都是封闭式的管理模式。这种管理模式尽管有利于人事档案的保密和保护,但随着市场经济的发展逐渐暴露出诸多的局限,例如,因过于强调保密原则,阻碍了人事档案的利用,忽视了档案主体的知情权;各机关自行保管人事档案,导致人才信息的相互交流不够,限制了人才的自由流动等;又因某些人事档案的管理权限比较混乱,在出现多头管理或都不管的问题时,许多人事管理部门只履行档案的收发手续,缺乏实质性的动态管理。

3. 中美人事档案利用条件不同

美国人事档案内容丰富,具体包括公民个人履历情况、诚信状况、公民在录用、考核、晋升、培训、工资福利、退休等方面情况的记录,以及社会保险、医疗保险交付情况、工作中受奖罚情况的记载等。而且随着计算机技术等现代技术的推广应用,美国采用先进的缩微技术来存储人事档案信息,并不断地开发人事档案管理自动化系统,建立了社会各界共享的、全国联网的大型计算机数据库系统,使人事档案管理工作实现了数字化、信息化和网络化。

由于受传统人事档案管理体制的影响,我国人事档案利用基础非常薄弱。首先,档案材料的收集、鉴别、整理及编研、利用等各项基础工作不完善。其次,全国缺少统一、标准的人事档案办公软件,相当一部分单位的人事档案信息化建设水平低,没有配置相应的现代档案办公硬件设施,有些人事部门的档案日常管理工作只停留在单机录入人事档案目录和一些不加核实的基本数据,没有真正建立档案信息化所需要的标准数据库,更没有搭建完善的网络利用平台。再次,人事档案管理队伍整体素质不高,专业档案管理人员不足,复合型人才缺乏。

三、我国人事档案利用的发展方向

美国对人事档案的积极利用与审慎开放并重以充分保障档案主体的合法权益的做法及其社会化、网络化的管理模式值得我们借鉴。

1. 人事档案信息向档案主体适度开放

在我国,传统封闭式人事档案管理制度受到诸多方面的挑战,因此,人事档案管理模式的完善刻不容缓。针对我国的现有情况,完善人事档案管理模式的关键是观念的创新和突破,在改革中应树立"以人为本、立档为民"的指导思想,把尊重人、爱护人作为出发点,赋予人事档案主体相应的权利,包括按照规定程序了解档案内容的权利、对有异议的数据信息提出申诉的权利、要求维护个人隐私的权利等。人事档案管理部门也应当清醒地认识到,建立和管理人事档案的根本目的之一是为了保障档案主体依法享受医疗、保险、晋升等各方面的权利,并非把它作为限制人才流动、控制就业的手段。尽管全社会人才资源的合理流动和优化配置需要多方面的制度加以支持和保证,但人事档案管理制度的完善可以为档案的利用提供更有利的条件,为人才的合理流动与优化配置提供更有效的保障。

2. 创新人事档案管理模式

当前,社会人才流动日益频繁,对人才信息资源的利用需求也愈发强烈,我们理应顺应时代潮流,建立社会化和网络化的人事档案管理新模式。

模式一:设立区域性政府人事档案管理中心。以行政区域为主,建立由县级以上党委组织部门和政府人事部门双重领导,由政府档案行政管理部门统一管理的各级党政机关、国有企事业单位所有人员的人事档案管理中心,取消以往分散的多头管理,对公共部门有关人员的人事档案分级、分区域、分系统设立若干人事档案管理类别,实行集中统一管理。这种管理模式打破了以往由各级组织、人事、劳动部门分别建立档案处、科、室的分散性的管理模式,可以有效地减少管理层次,解决管理人员分散、专职人员少、资金使用分散、现代化水平低的问题,可以集中有效地使用有限的人事档案管理资源,进行人事档案信息化管理,更好地为实现国家的人才战略目标服务。

模式二:设立商业性的社会人才人事档案管理中心。以县级或县级以上为区域单位,以各类人才中介服务机构为依托,设立商业性的社会人才中介人事档案管理中心。这一类人事档案管理中心必须具备现代化的人事档案管理条件,并须接受当地政府人事部门和档案行政管理部门的监督和指导,负责接收本地区社会流动人员的人事档案以及各有关单位移交来的离职、退职、辞退人员的人事档案,对本地区有需要的企业、组织、团体或个人提供人事档案寄存,以及对不具备安全保管人事档案条件的单位进行档案管理的有偿服务。社会人才中介人事档案管理中心既有对交存的人事档案的管理权,以及经过人事档案形成者(机关)同意后将档案中不涉及个人隐私的部分进行编研,向社会开放的权利;也负有安全保管档案、对人事档案内容保密、按要求提供方便快捷的服务以及对人事档案的损坏赔偿的义务。

当然,做好人事档案利用工作,还必须夯实人事档案信息资源利用的基础,特别是要加强人事档案信息化建设,为利用者搭建完善的网络平台,以拓宽利用渠道。

资料来源:贺未英,"中美人事档案利用之比较研究",《佛山科学技术学院学报》,2008年第5期,第85—88页。

任务二 流动人员人事档案利用业务

一、任务要求

通过情境设计和业务演练,要求学生掌握人事档案利用工作中的各项核心业务,尤其是查阅、外借、出具证明等。

二、实训

【实训名称】业务演练
【实训目的】熟悉人事档案利用工作中的各项业务及其办理流程和注意事项。
【实训步骤】
(1) 全班5—7人一组,分为若干小组;
(2) 以小组为单位,自行设计有关人事档案利用服务中的工作情境;

(3) 小组成员角色归位,完成情境模拟和角色扮演;

(4) 将小组角色分工名单、情境简介、业务办理流程及注意事项以书面形式提交。

【实训要求】

步骤2要求情境设计合理,主题鲜明,贴近实际,根据相关政策法规,提供有效的利用服务;步骤3要求注意各个角色(如咨询员、服务窗口业务员、阅览室工作人员、库房管理员等)的职责和工作内容,小组成员配合默契、现场气氛及时间控制合适;解说员思路清晰、表述准确流畅,分析简明扼要,处理方式合法合理。

三、业务指南

本节以北京市流动人员为例,主要介绍人事档案材料复印、人事档案材料打印、人事档案借阅、人事档案调阅、开具证明、函调政审和退休服务共七项利用服务业务。

(一) 人事档案材料复印

人事档案材料复印是人事档案管理机构向有关组织、单位提供档案材料复印的服务过程。

1. 业务流程图(见图5-1)

2. 具体操作流程

第一步,申请人提交申请材料,提出复印申请。

第二步,服务窗口受理申请,审核所提供材料是否合格,存档个人是否被限制服务。不符合规定的,不予受理,并告知申请人;对满足办理条件的,申请档案出库。

第三步,档案库房办理档案出库。

第四步,服务窗口根据申请人提出的事由,取出所需复印的档案材料,登记复印材料信息,填写《档案材料复印/打印申请表》;申请人在《档案材料复印/打印申请表》上签字确认。

第五步,服务窗口复印材料并盖章,交给申请人。

第六步,服务窗口将档案材料按编目顺序放回档案袋交还档案库房。

第七步,档案库房将档案入库。

3. 注意事项

第一,带齐申请材料:本人身份证、《档案材料复印/打印申请表》,如系单位委托存档,需单位介绍信。

第二,复印材料需盖章方有效。

第三,《档案材料复印/打印申请表》、单位介绍信归入文书档案管理。

(二) 人事档案材料打印

人事档案材料打印是人事档案管理机构向有关组织、单位提供档案材料打印的服务过程。

1. 业务流程图(见图5-2)

2. 具体操作流程

第一步,申请人提交申请材料,提出打印申请。

第二步,服务窗口受理申请,审核所提供材料是否合格,存档个人是否被限制服务。对不满足办理条件的,不予受理;对满足办理条件的,办理档案调阅。

第三步,服务窗口根据申请人提出的事由,提取所需打印的档案材料影像,登记打印材料信息,填写《档案材料复印/打印申请表》;申请人在《档案材料复印/打印申请表》上签字确认。

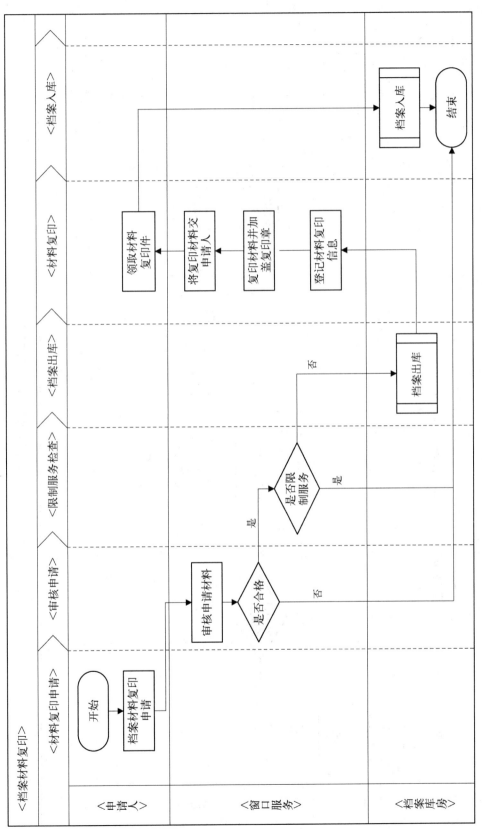

图 5-1 人事档案材料复印业务流程图

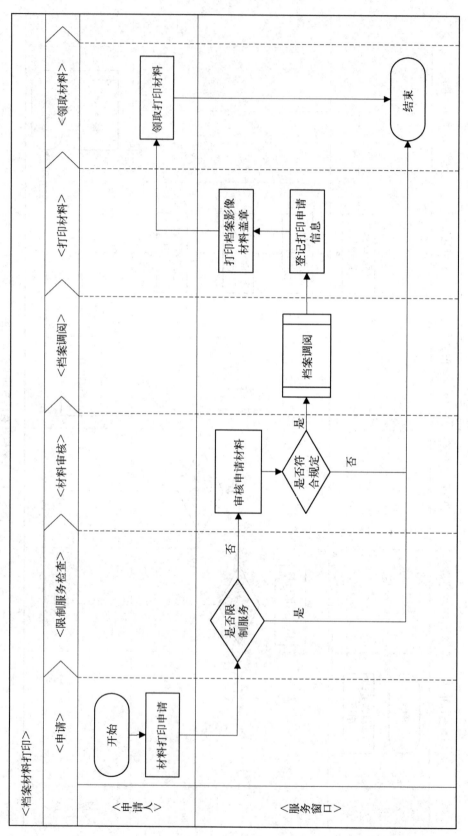

图 5-2 人事档案材料打印业务流程图

第四步,服务窗口打印材料,盖章后交给申请人。

3. 注意事项

第一,带齐申请材料:本人身份证、《档案材料复印/打印申请表》,如系单位委托存档,需单位介绍信。

第二,打印材料需盖章方有效。

第三,《档案材料复印/打印申请表》、单位介绍信归入文书档案管理。

(三) 人事档案借阅

人事档案借阅业务是指依据有关规定,向有关组织、单位提供档案实体查阅和档案实体外借服务,包括档案查阅、档案材料外借、档案外借三种业务。

1. 档案查阅

(1) 业务流程图如图5-3所示。

(2) 具体操作流程:

第一步,申请人提交申请材料,提出查阅申请。

第二步,服务窗口审核提供材料是否合格,存档个人是否被限制服务。对不满足办理条件的,不予受理;对满足办理条件的,申请档案出库。

第三步,档案库房办理档案出库手续。

第四步,服务窗口登记档案查阅信息,填写《档案查阅登记表》。

第五步,申请人在《档案查阅登记表》上签字确认后,在阅档室查阅档案;服务窗口对查阅过程进行监控,阅档完毕后,清点档案材料,对查阅过程中出现的涂改、圈划、抽取、撤换档案材料等情况按照相关规定进行处理,确认无误后,归还档案库房。

第六步,档案库房办理档案入库。

(3) 注意事项:

第一,带齐申请材料:查阅单位介绍信,两名以上查阅人的有效证件(工作证或身份证),被查阅人为单位存档的需提供存档单位介绍信。

第二,查阅存档人员的人事档案须办理审批手续,申明查阅理由,档案管理机构根据规定和需要确定需提供的档案材料。

第三,查阅单位应派中共党员(或可靠工作人员)到档案管理机构查阅存档人员的人事档案,一般派两名以上查阅人。档案管理机构要监控查阅过程,严禁查阅者涂改、圈划、抽取、撤换档案材料,不能泄露或擅自向外公布档案内容,未经允许,不得复印、摘录档案内容。

第四,禁止查阅本人及其父母、配偶、子女、兄弟姐妹等直系亲属的档案。

第五,《档案查阅登记表》、单位介绍信归入文书档案管理。

2. 档案材料外借

(1) 业务流程图如图5-4所示。

(2) 具体操作流程:

第一步,申请人提交申请材料,提出档案材料外借申请。

第二步,服务窗口审核提供材料是否合格,存档个人是否被限制服务。对不满足办理条件的,不予受理;对满足办理条件的,申请档案出库。

第三步,档案库房办理档案出库。

第四步,服务窗口清点档案材料,登记档案材料外借信息,填写《档案材料外借登记表》。

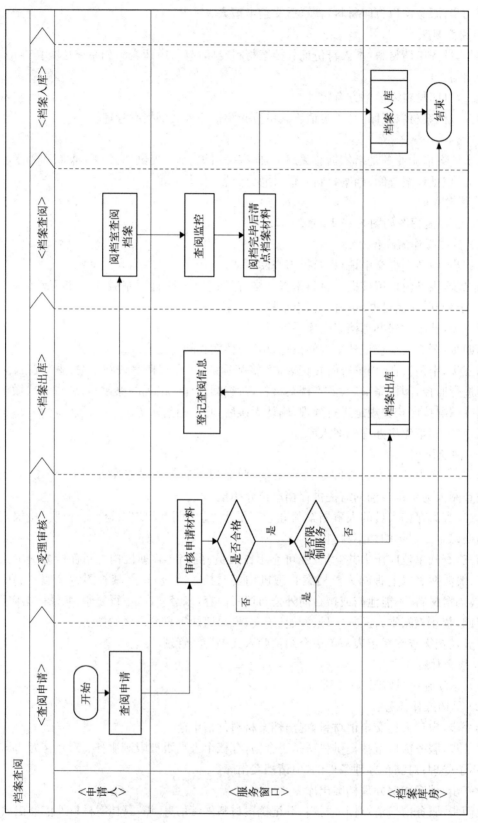

图 5-3 人事档案查阅业务流程图

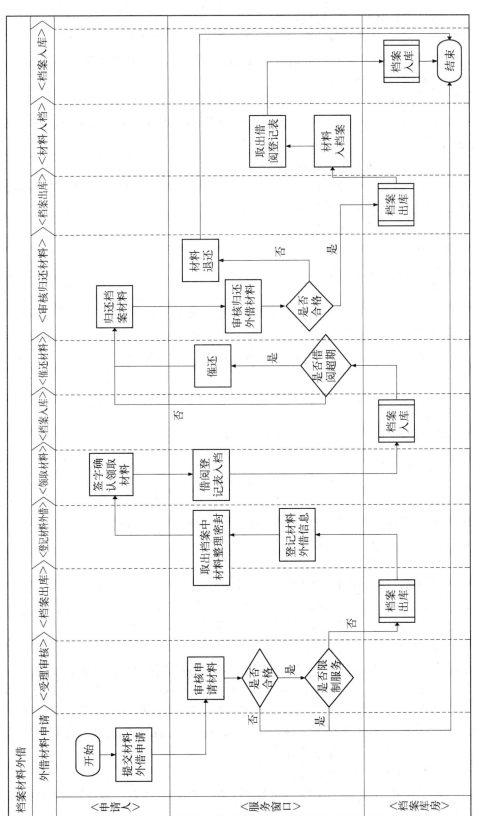

图 5-4 人事档案材料外借业务流程图

第五步,服务窗口取出外借的材料整理密封。

第六步,申请人在《档案材料外借登记表》上签字确认,取走档案材料。

第七步,服务窗口将《档案材料外借登记表》放入档案中,办理档案入库。

第八步,档案库房将档案入库。

第九步,服务窗口检查归还档案材料情况,逾期进行催还。

第十步,申请人归还档案材料;服务窗口审核归还材料,确认档案材料无误,申请档案出库;否则,档案材料退回申请人。

第十一步,档案库房办理档案出库。

第十二步,服务窗口将归还的档案材料按编目顺序存入档案并取出《档案材料外借登记表》,登记归还信息签字确认,申请档案入库。

第十三步,档案库房将档案入库。

(3) 注意事项：

第一,带齐申请材料：借档单位介绍信,借阅人身份证原件及复印件,单位委托存档的需提供单位介绍信。

第二,申请人应在归还期限内归还档案材料,如超期未归还,服务窗口须进行催还。申请人归还档案材料时,服务窗口应认真审核,已数字化加工的材料,应通过数字图像进行比对;未数字化加工的,直接清查,若出现涂改、圈划、抽取、撤换档案材料等情况,按照相关规定进行处理。

第三,《档案材料外借登记表》、单位介绍信归入文书档案管理。

3. 档案外借

(1) 业务流程图如图5-5所示。

(2) 具体操作流程：

第一步,申请人提交申请材料,提出档案外借申请。

第二步,服务窗口审核提供材料是否合格,存档个人是否被限制服务。对不满足办理条件的,不予受理;对满足办理条件的,报领导审批,审批通过后,申请档案出库。

第三步,档案库房办理档案出库手续。

第四步,服务窗口登记档案外借信息,填写《档案外借登记表》。

第五步,服务窗口取出外借的整本档案,整理密封。

第六步,申请人在《档案外借登记表》上确认签字,取走档案。

第七步,服务窗口将《档案外借登记表》放入档案袋中,办理档案袋入库。

第八步,档案库房将档案袋入库。

第九步,申请人应在期限内归还档案,如超期未归还,服务窗口进行催还。

第十步,申请人归还档案。服务窗口审核归还档案,已数字化加工的,通过数字图像进行比对;未数字化加工的,直接清查,出现涂改、圈划、抽取、撤换档案材料等情况,按照相关规定进行处理。确认档案材料无误后,申请档案袋出库;不合格的,填写《归还档案问题记录单》,申请人签字确认后,申请档案袋出库。

第十一步,档案库房将档案袋出库。

第十二步,服务窗口将归还的档案存入原档案袋,并取出《档案外借登记表》,登记归还信息签字确认,办理档案入库。

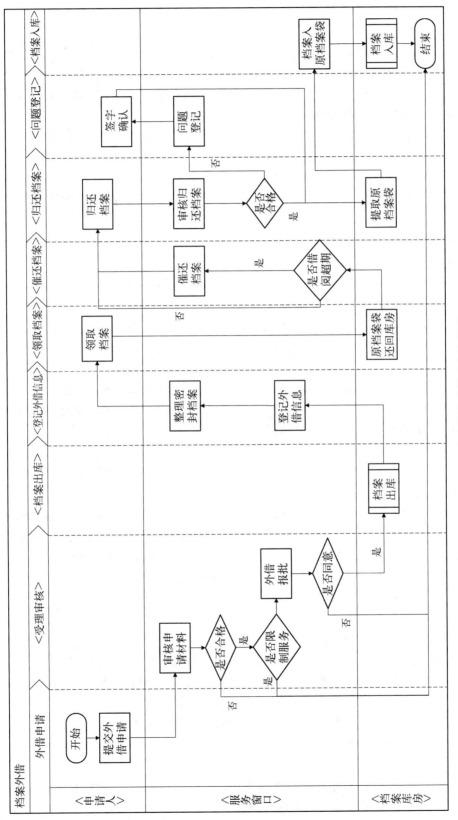

图 5-5 人事档案外借业务流程图

第十三步,档案库房将档案入库。
(3) 注意事项:
第一,带齐申请材料:借档单位介绍信,被借阅人身份证复印件,经办人身份证原件及复印件,单位委托存档的需提供单位介绍信。
第二,因工作需要从档案中取证的,必须请示档案主管部门负责人审查批准后才能复制。
第三,人事档案外借仅限本市,并在规定期限内归还。
第四,服务窗口应对归还的问题档案进行追踪,督促借档单位尽快解决问题。
第五,《档案外借登记表》、《归还档案问题记录单》、单位介绍信归入文书档案管理。

(四) 人事档案调阅

人事档案调阅是依据有关规定,向有关组织、单位提供数字档案调阅的服务过程。

1. 业务流程图(见图5-6)
2. 具体操作

第一步,申请人提交调阅档案申请材料;
第二步,服务窗口审核申请材料,判断权限状态是否正常,并经相关机构审批;
第三步,审批通过后,申请人调阅数字档案;
第四步,服务窗口监控调阅过程,在调阅完毕后或发生违纪现象时,服务窗口收回调阅权限。

3. 注意事项

第一,带齐申请材料:立户凭证,单位介绍信,申请人身份证原件和复印件。
第二,判断调阅类型,如果是外部调阅,需经主管领导审批;如果申请调阅本机构存放的档案,直接调阅;如果申请调阅其他机构存放的档案,需经存档机构审批。

(五) 开具证明

开具证明业务是指档案管理机构根据档案记载的内容向有关组织、单位出具档案中已记载情况的证明。

证明类型包括:存档证明,参加工作时间证明,生育状况证明,无收入及住房情况记载证明,无刑事和行政处罚及开除公职记录证明,档案身份证明,政治面貌证明,无福利发放证明,工作履历证明,亲属关系证明,报到证明,其他证明,各类公证信函证明(出生公证、未受刑事制裁公证、工作经历公证、学历公证、亲属关系公证)。

1. 业务流程图(见图5-7)
2. 具体操作流程

第一步,申请人提交需开具证明的申请材料。
第二步,服务窗口审核申请材料是否合格,若申请材料不合格,则告知申请人原因;检查申请人是否被限制服务,若被限制服务,告知申请人原因,解除限制服务后,再申请办理。
第三步,若需要查阅档案材料,服务窗口调阅数字档案或借阅档案。
第四步,服务窗口根据档案记载信息出具证明;若不符合办理条件,告知申请人原因。
第五步,申请人领取证明。

3. 注意事项

第一,带齐申请材料:申请人身份证原件及复印件,其他出具证明需提供的证件或材料,单位委托存档的需提供单位同意办理介绍信。

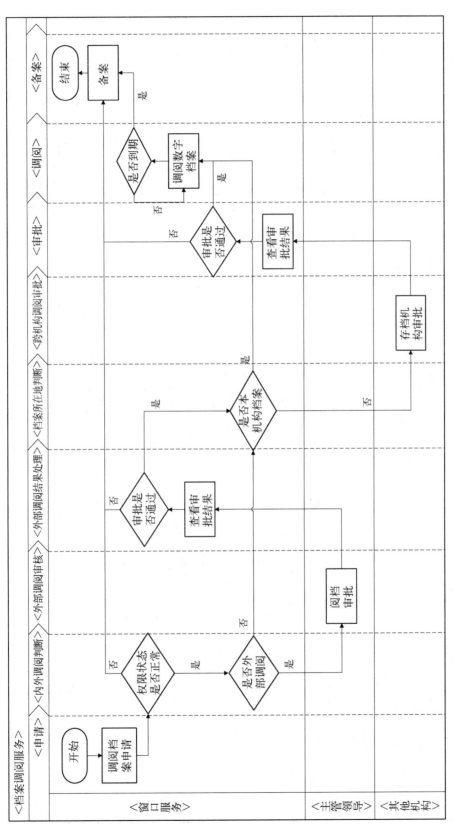

图 5-6 人事档案调阅业务流程图

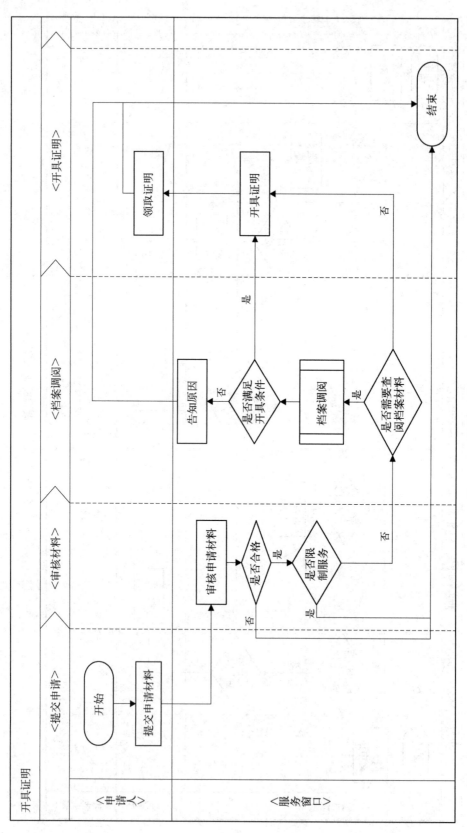

图 5-7 开具证明业务流程图

第二,若需要证明未记载的特殊情况,本人或单位应提供与所办内容相符的材料后,视情况对外证明。

第三,单位介绍信及相关证件复印件归入文书档案管理。

(六) 函调政审服务

函调政审服务是指依据有关规定,应有关组织和单位的要求,为存档人员工作调动、亲人入党等提供函调政审服务。

1. 业务流程图(见图5-8)
2. 具体操作流程

第一步,申请人提交材料;

第二步,服务窗口审核材料是否合格,检查申请人是否被限制服务,若被限制服务,告知申请人原因,限制服务解除后,再申请办理;

第三步,审核通过后,申请人填写《函调政审登记表》;

第四步,服务窗口调阅数字档案或借阅档案,登记函调信息,填写《政审函》,签字盖章后交申请人。

3. 注意事项

第一,带齐申请材料,单位委托存档的、因工作调动函调政审的需存档单位介绍信,《政审函》。

第二,严格根据档案所记载的情况填写相应内容。

(七) 退休服务

退休服务是指依据有关规定,档案管理机构为以个人名义缴纳基本养老保险的个人委托存档人员,在符合退休条件时,提供退休受理、申报和转移的服务过程,包括劳动能力鉴定申报和退休申报两个子业务。

1. 劳动能力鉴定申报

劳动能力鉴定申报业务是指档案管理机构为以个人名义缴纳基本养老保险的个人委托存档人员,在因病或非因工致残而完全丧失劳动能力申请提前退休时,协助其到劳动能力鉴定机构进行伤残程度和丧失劳动能力程度评定。

(1) 业务流程图如图5-9所示。

(2) 具体操作流程:

第一步,申请人提交申请材料,申请办理劳动能力鉴定手续。

第二步,服务窗口材料初审通过的,代收劳动能力鉴定费。

第三步,服务窗口将申请材料和代收的鉴定费送劳动能力鉴定中心审核。若审核未通过,通知申请人补充相应材料;审核通过的,根据鉴定通知书通知申请人进行劳动能力鉴定。

第四步,服务窗口领取鉴定结果。

(3) 注意事项:

第一,带齐申请材料:本人的书面申请,说明申请鉴定原因和伤病情况(《劳动能力鉴定申请表》《诚信承诺书》);本人近期病情诊断详细材料;基本医疗定点医疗机构出具的初诊、近期诊断证明(三个月内)及相关系统治疗病历、影像材料、近期(三个月内)化验报告、疾病诊断证明书;一寸彩照;本人身份证原件及复印件;劳动能力鉴定费;需提供的其

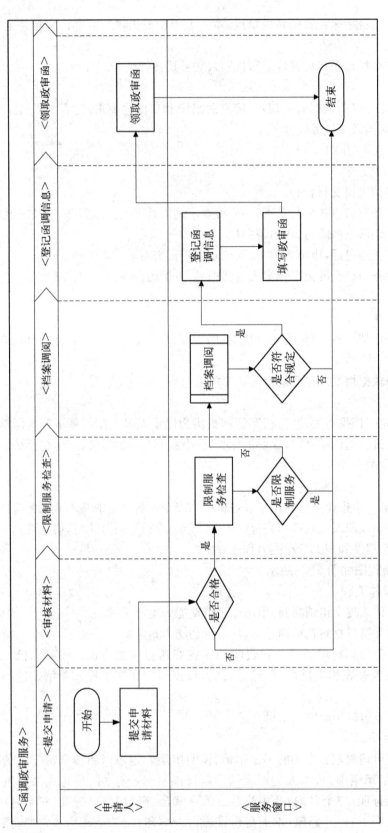

图 5-8 函调政审服务业务流程图

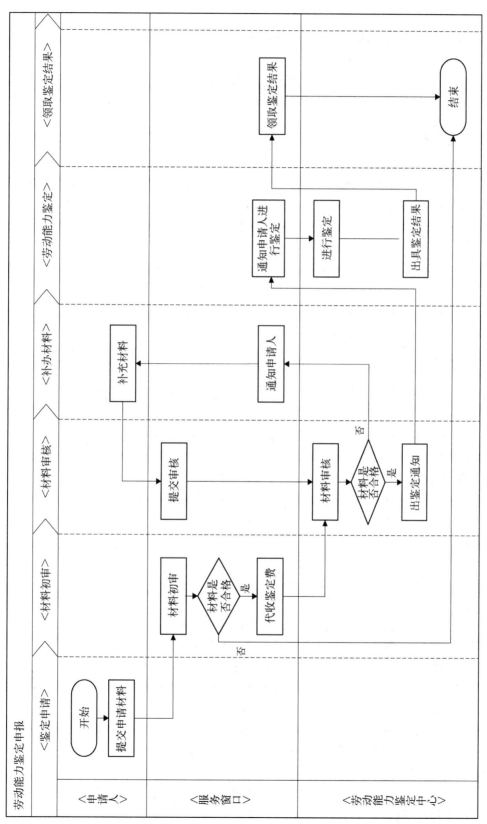

图5-9 劳动能力鉴定申报业务流程图

他材料。

第二，服务对象为因病或非因公致残申请提前退休的个人委托存档人员。

2. 退休申报

退休申报业务是指依据有关规定，档案管理机构为以个人名义缴纳基本养老保险的个人委托存档人员，在符合退休条件时，提供退休受理、申报和转移的服务过程。

（1）业务流程图如图 5-10 所示。

（2）具体操作流程：

第一步，申请人提交申请材料，填写《个人委托存档人员退休申请表》。

第二步，服务窗口审核申请材料是否合格，检查申请人是否被限制服务，若被限制服务，告知申请人原因，限制服务解除后，再办理退休申请。

第三步，服务窗口调阅申请人的数字档案或借阅档案。若因从事特殊工种申请提前退休，须进行公示；若因病或非因公致残申请提前退休，进行劳动能力鉴定申报。

第四步，服务窗口查看申请人基本养老保险缴费记录是否缴纳到退休当月，未缴纳到当月的，须到社保中心现金缴纳。

第五步，服务窗口到社保中心报审《基本医疗保险视同缴费年限认定审批表》，办理社会保险清算手续，打印《北京市社会保险个人账户缴费情况表》。

第六步，使用本市退休核准系统（企业版）填报《北京市基本养老保险待遇核准表》并打印盖章，核准计算养老金。

第七步，服务窗口持档案和《北京市基本养老保险待遇核准表》报送养老保险待遇核准部门审批。

第八步，服务窗口持《北京市基本养老保险待遇核准表》《基本医疗保险视同缴费年限认定审批表》报送区、县社保局医保科审批。

第九步，服务窗口将《北京市基本养老保险待遇核准表》《基本医疗保险视同缴费年限认定审批表》《北京市社会保险个人账户缴费情况表》归入本人档案。

第十步，服务窗口登记关系转移信息，填写社会化管理相关表单，并发放退休证，申请人办理档案和养老金关系转移手续。

第十一步，办理档案转出。

第十二步，服务窗口收存档案转递回执。

（3）注意事项：

第一，带齐申请材料：存档凭证、本人户口本、身份证原件及复印件；两寸照片；从事特殊工种提前退休的，还需提供提前退休申请书和一寸照片；因病或非因工致残完全丧失劳动能力提前退休的，还需提供劳动能力鉴定、确认结论通知书；需提交的其他材料。

第二，服务对象为以个人名义缴纳基本养老保险的个人委托存档人员。申请人须在达到退休年龄的前一个月持存档凭证、户口本提出申请。

第三，申请提前退休的情况有：

① 因病或非因公致残申请提前退休（退职），需要先进行劳动能力鉴定，达到完全丧失劳动能力标准的，方可退休；

② 从事特殊工种申请提前退休，必须达到劳动和社会保障行政机构确认的提前退休工种所规定的工作年限。

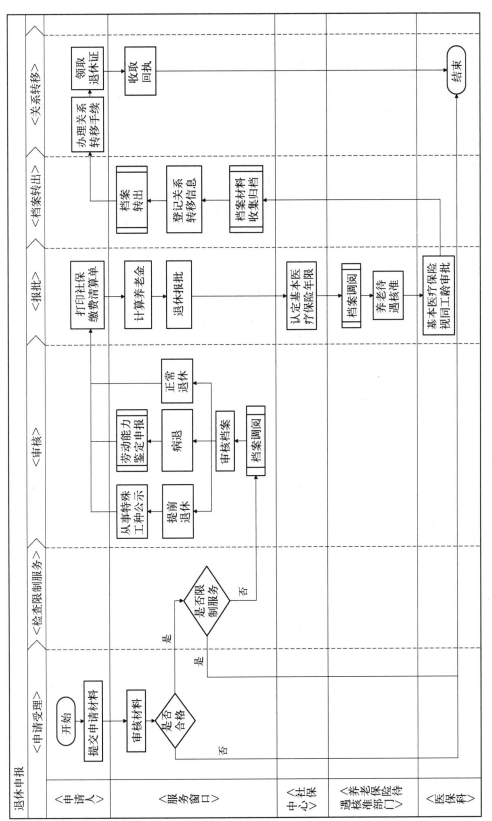

图 5－10 退休申报业务流程图

第四，《个人委托存档人员退休申请表》、转递回执归入文书档案管理。

业务表单示例5-1：档案材料复印/打印申请表

档案材料复印/打印申请表

序号	档案材料名称	档案编号	姓名	业 务 类 型		申请人	受理人	日期	页数	份数	备注
				复印【 】	打印【 】						
				复印【 】	打印【 】						
				复印【 】	打印【 】						
				复印【 】	打印【 】						
				复印【 】	打印【 】						

业务表单示例5-2：档案查阅登记表

档案查阅登记表

存档人姓名		存档人身份证号	
查阅单位		查阅事由	
查阅人		查阅人身份证号	
查阅时间		查阅人联系电话	
查阅人签字		受理人签字	

业务表单示例5-3：档案材料外借登记表

档案材料外借登记表

存档人姓名		存档人身份证号	
借阅单位		借阅事由	
借阅人		借阅人身份证号	
借阅日期		应归还日期	
从档案中借出材料登记			
序号	材 料 名 称		数量
1			
2			
3			
4			
借阅人签字		借阅人联系电话		受理人签字	
归还日期		归还人		受理人签字	

业务表单示例 5-4：档案外借登记表

档案外借登记表

存档人姓名		存档人身份证号	
借阅单位		借阅事由	
借阅人		借阅人身份证号	
借阅日期		借阅申请人签字	
应归还日期		申请人联系电话	
受理时间		受理人签字	
归还日期		归还人		受理人签字	

业务表单示例 5-5：档案调阅登记表

档案调阅登记表

存档人姓名		存档人身份证号	
调阅单位		调阅事由	
调阅人		调阅人身份证号	
调阅时间		调阅人联系电话	
调阅人签字		受理人签字	

业务表单示例 5-6：归还档案问题记录单

归还档案问题记录单

序号	档案编号	姓名	借出日期	归还日期	申请人	受理人	问题描述	备注

业务表单示例 5-7：存档证明

存 档 证 明

_____，性别：____，身份证号：_____，该同志人事档案于_____年___月___日由我单位保存至今，属于_____（个人/单位）存档，（单位名称_____）存档编号为_____。

特此证明。

（存档机构盖章）

年　　月　　日

业务表单示例 5-8：经历证明

经 历 证 明

我单位存档人员_____，性别：_____，_____年___月___日出生，身份证号：_____。依据该同志人事档案中□报到证，□_____年毕业生登记表，□_____年劳动合同，□_____年履历表记载，现将其经历情况摘抄如下：

自_____年___月至_____年___月，在_____中学学习。

自_____年___月至_____年___月，在_____大学学习。

自_____年___月至_____年___月，在_____单位从事_____工作。

自_____年___月至_____年___月，在_____单位从事_____工作。

自_____年___月至_____年___月，在_____单位从事_____工作。

自_____年___月至_____年___月，在_____单位从事_____工作。

填表人：_____

（存档机构盖章）

年　　月　　日

业务表单示例 5-9：亲属关系证明

亲属关系证明

我单位存档人员_____，性别：___，_____年___月___日出生，身份证号：_____，依据该同志人事档案记载，其亲属关系情况如下：

_____
_____
_____
_____
_____
_____
_____

填表人：_____

（存档机构盖章）

年　月　日

业务表单示例 5-10：函调政审登记表

函调政审登记表

存档号	存档人姓名	函调原因	申请人	日　期	受理人

业务表单示例 5-11：个人委托存档人员退休申请表

个人委托存档人员退休申请表

序号_____

姓　　名			身份证号			
出生年月		性别			民　　族	
参加工作时间		职称			联系电话	
养老保险序号			是否参加基本医疗保险		是□　否□	
参加基本养老保险起止时间				年　　月至　　年　　月		
户口所在地址及邮编			所属街道			
申请理由	正常退休□　因病提前退休□　特殊工种提前退休□　超龄退休□					
	本人签字：　　　　　　年　　月　　日					
备　　注	是否领取过失业金（是□　否□）					

业务表单示例 5-12：退休人员材料移交登记表

退休人员材料移交登记表

退休证号	姓名	户口所在地街道	转移退休材料签字	日期	领取退休证签字	日期

任务三　综合实训

一、任务要求

通过填写表格回顾本项目的学习内容和技能。

二、实训

【实训名称】回顾本项目学习的收获
【实训目的】系统回顾课堂知识，加深印象；培养学生勤于思考和总结的习惯。
【实训内容】认真填写下列表格。

回顾本项目学习的收获					
项目名称					
学号 姓名		训练地点		训练时间	
我从本项目学到的三种知识或者技能					
完成本项目过程中给我印象最深的两件事					
一种我想继续学习的知识或者技能					
考核标准	(1) 课堂知识回顾完整,能用自己的语言复述课堂内容; (2) 记录内容和课堂讲授相关度较高; (3) 学生进行了认真思考。				
教师评价				成绩	

【实训要求】

(1) 仔细回想本项目所学内容,若有不清楚的地方,查看相关知识链接。

(2) 本部分内容以自己填写为主,不需过于注意语言的规范性,只要能分条说清楚即可。

项目六

人事档案的转递

教学目标

知识目标

① 了解人事档案转递的意义和要求；
② 掌握人事档案转递的方式和程序；
③ 了解"无头档案"的形成原因和处理方式；
④ 熟悉人事档案转递的相关法律规定。

能力目标

① 通过各类型人员（正常调转、毕业生、失业人员等）人事档案转递业务的演练，提高学生办理转递业务的能力；
② 熟练掌握企业员工离职手续，做好人事档案转出工作，避免不必要的法律纠纷。

案例导入

"无头档案"证实教师身份　养老补贴领取有依有据

王天奎，籍贯是河南省汝南县大五桥公社大王庄大队，1960年7月到漯河四中参加工作，1963年响应党的号召自愿提出退职到农村从事农业生产至今。

2012年，省政府决定对本省原民办教师发放养老补贴，凡年满60周岁，1989年12月31日以前在农村公办中小学民办教师岗位上连续工作满1年的原民办教师，离开教学岗位后未参加职工基本养老保险的农村居民，从到龄次月起享受养老补贴。为了能够落实养老补贴待遇，2013年5月17日，王天奎来到市

> 档案馆查找相关文件依据,工作人员经过仔细认真的查找,最终在干部"无头档案"427卷中查到了他的人事档案,有力地证实了他的教师身份,为领取养老补贴提供了确凿的证据。
> 资料来源:《"无头档案"证实教师身份　养老补贴领取有依有据》,漯河市史志档案信息网,2013年9月5日。
>   思考:通过以上案例,分析人事档案及时转递"档随人走"的必要性,讨论如何减少"无头档案"情况发生。

任务一　人事档案转递的理论基础

一、任务要求

了解人事档案转递的作用和要求,明确人事档案转递的类型及转递方式和程序,熟练处理各类人员人事档案转递业务。

二、实训

【实训名称】案例分析

【实训目的】通过具体案例分析,进一步认识人事档案转递的重要性及其规范程序。

【实训步骤】

(1) 提出案例:

> 小张从北京某大学毕业后留在北京工作。单位与小张签订的劳动合同中规定,小张在3年合同期内不得解除劳动合同,否则,要承担1万元的违约金。
> 一年后,小张想跳槽离开单位,主动要求交1万元违约金后解除劳动合同。单位领导认为,交1万元让小张走太便宜小张了,提出交5万元才为小张办理离职手续。小张认为单位的要求无理,且自己当时也拿不出5万元。
> 单位最终作出决定:小张可以先走,但其个人档案要由单位暂时扣留,待小张交清5万元后,单位才放走其档案,同时还威胁道,若小张在离开单位2年内不交清5万元,单位就会毁掉其档案。
> 资料来源:陈琳,《档案管理技能训练》,机械工业出版社,2011年,第177页。

(2) 思考及讨论:

① 请结合你所学的专业知识及相关法规条款(注明来源及内容),分析该单位在处理员工主动离职事件时扣留员工档案的做法是否合理?你认为恰当的处理方式是怎样的?

② 为离职员工办理人事档案转出手续应注意哪些方面?

③ 通过该案例,你还能得到什么启发?

(3) 教师总结。

三、相关知识链接

(一) 人事档案转递的定义及分类

人事档案转递是指人事档案管理部门之间、人事档案管理部门与人事档案材料形成部门、利用人事档案部门之间对人事档案或人事档案材料的接收或转出。包括人事档案的转递和人事档案材料的转递两类。

1. 人事档案的转递

由于工作调动、职务变动、大中专毕业生分配、军转干部安置等原因,人员所在的工作单位或主管、协管单位发生变化,其档案管理单位也随之发生变化。因此,人事档案管理部门必须随着员工工作单位或主管、协管单位的变动,及时地将其人事档案转至新的工作单位或主管、协管单位,做到"档随人走,人档统一",即人归哪里管理,其档案也就归哪里管理。

2. 人事档案材料的转递

一方面,人事档案材料形成部门将属于归档范围、符合归档要求的零散材料及时地转递至人事档案管理部门,归入本人的人事档案。另一方面,人事档案管理部门在下列情况下进行人事档案材料的转递,例如,属于上级管理的人事档案正本;外单位要求转寄或外单位误寄来的;新收到的经鉴别应由有关单位保存或处理的材料;经鉴别应退回材料形成单位加工或补办手续的材料;经清理鉴别,不属于归档范围,应退给本人或家属保管的材料;已查到人员下落应转出的材料等。

(二) 人事档案转递的意义

1. 保证人事档案能及时地为人事工作提供服务

人事档案转递工作是体现人事档案动态性的一项基本业务。当一个人的工作单位或主管单位改变后,其人事档案的管理就相应地发生改变,即转至新的工作单位或主管单位,以维护人事档案和该人的管理单位相一致。如果转递工作做不好,该转的不能及时送转,就会造成人员管理与人事档案管理脱节。原管单位有档无人,形成"无头档案",人事档案不能发挥作用;新工作单位或主管单位则"有人无档",影响对工作人员的考察了解和培养使用,甚至可能造成用人失误。所以,人事档案转递工作是人事档案管理部门及时地为人事工作提供服务的重要工作之一,是人事档案管理工作中的一项经常性业务。

2. 丰富充实人事档案内容的主要途径

转递工作与人事档案材料收集工作密切相关,各有关组织形成的人事档案材料大部分是通过转递的方式送交人事档案管理部门的。因此,人事档案的转递工作也是一项基础性业务,有利于做到"档随人走",丰富和充实档案的内容。

3. 维护人事档案完整性和真实性的必要手段

人事档案管理工作必须严格执行转递制度,才能确保人事档案的完整性和真实性,有效地防止人为因素对人事档案的损坏。倘若转递制度松弛,漏洞百出,就可能造成"人档分离",产生大量"无头档案",使人事档案质量和内容的可信度降低,影响其凭证和参考价值。所以,应健全转递制度,做好转递工作,努力维护人事档案的完整性和真实性。

(三) 人事档案转递的要求

人事档案的转递工作应做到及时、准确、完整、安全。

1. 及时

为避免发生"有人无档"或"有档无人"的现象,必须及时地转递人事档案。《干部人事档案工作条例》规定:"干部人事档案管理权限发生变动的,原管理单位的干部人事档案工作机构应对档案进行认真核对整理,保证档案内容真实准确、材料齐全完整,并在 2 个月内完成转递。"《劳动合同法》第五十条第一款规定:"用人单位应当在解除或终止劳动合同时出具解除或终止劳动合同的证明,并在十五日内为劳动者办理档案和社会保险关系转移手续。"要达到上述要求,人事档案管理部门应与人事管理部门密切合作,相互衔接好。人事管理部门在员工提升、调动、复员、离休、退休的决定和通知下达后,就应及时抄送或通知人事档案管理部门,以便续填职务变更登记表和转递人事档案。

2. 准确

转递人事档案必须以任免文件调动通知或商调函为依据,在确知有关人员新的主管单位后,直接将人事档案转至该人新的主管单位。不要把人事档案转到非人事主管单位的上级机关或下级机关,更不能盲目外转。

3. 完整

转出的人事档案必须保持完整,将本人的所有人事档案材料一次性全部转出,若有零散材料,应按规定进行整理和装订。任何单位或个人不得以任何借口扣留任何材料或分批转出。接收单位如果发现转来的档案不完整,有权将档案退回原单位并说明理由。

4. 安全

人事档案转递工作要确保人事档案材料的绝对安全,杜绝失密、泄密和丢失现象。转递人事档案必须通过机要交通或安排专人送取。人事档案不得以平信、挂号、包裹等形式公开邮寄,一般不允许本人自带①。凡转递人事档案,均应密封并加盖密封章,按规定详细填写统一的《人事档案转递通知单》,接收单位应在收到人事档案并核对无误后签名、盖章,并及时退回回执,确保人事档案的绝对安全。

(四) 人事档案转递的方式

人事档案转递的方式主要有转入和转出两种。

1. 转入

人事档案转入(或接收)的手续一般是:

(1) 审查《人事档案转递通知单》,看其转递理由是否充分,是否符合转递规定;

(2) 审查档案材料是否属于本单位所管人员的,以防收入同名同姓异人的档案材料;

(3) 审查清点人事档案材料的数量,看档案材料是否符合档案转递通知单上列出的项目,是否符合转入要求,有无破损;

(4) 经过以上三个步骤,确认无误后,在《人事档案转递通知单》的回执上签名盖章,并将通知单回执退回寄出单位,同时,在档案转入登记簿上详细登记。

2. 转出

人事档案转出的方式分零星转出和成批移交两种。

---

① 经接收单位书面提出,有的人事档案允许封好自带。但一定要严格密封并加盖密封章,保证人事档案袋完好无损。

（1）零星转出是指日常工作中经常性、数量不大的人事档案或应归入人事档案的材料及时转递给有关单位，是转出的主要方式。一般通过机要交通渠道来完成。

人事档案零星转出的手续一般是：

① 在转出档案（材料）登记簿上登记，注明转出时间、材料名称、数量、转出原因、机要交通发文号或请接收人签字；

② 在档案底册上注销并且详细注明何时、何原因转至何处以及转递的发文号；

③ 填写转递人事档案通知单并按发文要求包装、密封，加盖密封章后寄出。

（2）成批移交是指人事档案管理单位或部门之间数量较多的人事档案的交接。经双方商定后，一般由专人或专车取送。如果交接单位相距太远，则通过机要交通转递。每年七月初高校将大量毕业生档案转至其生源地人才服务中心就属于这种方式。

人事档案成批移交的手续一般是：

① 将要移交的人事档案全部取出，在转出登记簿上详细登记，并在档案底册上注明；

② 编制《人事档案移交清单》，注明移交原因、移交时间、移交数量、移交单位和经办人、接收单位和经办人等，清单一式两份，双方办妥签名盖章后，各保留一份，以备查考。

（五）"无头档案"的处理

"无头档案"是指查找不到档案涉及人下落、无法转递而积存在人事档案管理部门的人事档案或应归入人事档案的材料。"无头档案"长期滞留在原人事档案管理部门，既转不出去，又不能销毁，不仅不能发挥作用，还需浪费人力、物力去管理；新单位却因没有人事档案而影响对该员工的考察和使用。

造成这种情况的原因主要有：单位人事档案管理制度不健全，以至于单位变动或人员调动时，未及时转递相关人事档案；转递工作出现差错等。为了防止"无头档案"的产生，各单位的人事档案管理部门应建立健全人事档案管理制度，及时地根据机构或人员变动情况接收、鉴别、整理、补充和转递人事档案。

如果出现"无头档案"的情况，人事档案管理部门在处置"无头档案"时应注意以下几点：① 依据有关规定，认真鉴别该档案材料是否具有保存价值。对于一般性简历登记表格和作为组织参考性的人事档案，可以报领导批准后销毁；对于有保存价值的人事档案，应继续保存，并应尽量查清档案所属人员的下落，转递给有关部门。② 通过人事档案的形成部门、涉及相对人原工作单位或其直系亲属和社会关系等线索，认真查询档案人的下落。③ 经对方查询确实难以找到档案人下落的"无头档案"，可以根据规定将其转交档案人原籍档案馆保存。

四、拓展训练

2008年，万芳毕业后应聘到北京市大兴区某民营医院工作（以下简称医院），双方签订劳动合同，期限自2008年7月12日至2011年7月11日止。同时，双方签订了引进人才协议书，约定医院为万芳办理进京户口后，其需要在医院服务3年，否则，需要缴纳违约金。合同签订后，万芳将人事档案转至医院，医院为其建立了社会保险关系账户并缴纳了社会保险，社会保险按照最低基数1 600元缴纳，万芳的实际工资为3 000元。

2010年7月,万芳以结婚为由将户口迁出。2010年8月,万芳向医院提出离职申请,未获批准,但其未再到医院上班。随后,万芳与医院联系,要求将其人事档案及社会保险关系转出,医院则以万芳未按照约定服务满3年为由,要求其缴纳1万元违约金,然后再为其办理转出手续。

2012年1月7日,万芳向北京市大兴区劳动争议仲裁委员会申请仲裁。要求医院为其办理人事档案转移并将社会保险关系转出,并要求赔偿损失1万元。北京市大兴区劳动争议仲裁委员会以超过诉讼时效为由作出不予受理的裁决。万芳不服裁决,向北京市大兴区人民法院提起诉讼。

庭审中,医院表示,万芳未按约定在医院服务满3年,并且未经医院批准擅自离职,违背诚实信用原则,应当支付赔偿金。医院没有扣押万芳的人事档案,是万芳没有按照医院要求办理手续,且其没有提供其户籍所在地或新的单位,因此无法办理。同时,医院提交了万芳将户口迁出的申请及社会保险关系转移证明,社会保险关系转移证明上明确载明社保基数为1600元,且该证明在医院开出后并未交给万芳。

法院审理认为,2010年8月万芳申请辞职未获批准后即未再上班,双方劳动关系结束。《劳动合同法》第五十条第一款规定,用人单位应当在解除或者终止劳动合同时出具解除或者终止劳动合同的证明,并在十五日内为劳动者办理档案和社会保险关系转移手续。医院未及时转移人事档案存在过错,万芳要求赔偿损失,应当予以支持。同时,由于医院至今未为万芳办理转移人事档案等手续,其行为处于持续状态且万芳能证明曾向该医院要求转移,所以,万芳的申请行为没有超过诉讼时效。北京市大兴区人民法院作出一审判决,判令医院为万芳办理档案转移、社会保险关系转出手续,并付给万芳赔偿金1万元。

医院不服一审判决,上诉至北京市第一中级人民法院。在法官的主持下,双方达成调解协议,医院为万芳办理档案转移、社会保险关系转出手续,并付给万芳补偿金7 000元。

资料来源:宋岚,"因离职引发的人事档案纠纷解析",《中国卫生人才》,2012年第10期,第48—49页。

阅读完以上案例,请思考以下问题:

1. 医院扣押人事档案的劳动争议是否符合超过1年诉讼时效的规定?
2. 当事人是否应向医院支付违约金?
3. 医院不予办理人事档案转移是否应当赔偿因扣押档案造成的损失?判令其赔偿1万元是否恰当?

任务二 流动人员人事档案转递业务

一、任务要求

通过情境设计和业务演练,要求学生掌握人事档案转递业务的受理条件、申请材料、办理流程及注意事项。

二、实训

(一) 实训一

【实训名称】 业务演练

【实训目的】 熟悉转递业务及其办理流程和注意事项。

【实训步骤】

(1) 模拟工作情境:

> 家在丰台区的刘慧是某咨询公司的一名高级研究员,由于该公司没有人事权,刘慧的档案存放在丰台区人才中心。
>
> 前不久,刘慧跳槽到一家新单位,新单位具有人事管理权,要求新入职员工尽快将档案转至单位人事档案管理部门。为此,刘慧前往丰台区人才中心办理档案转出事宜。

(2) 小组成员角色归位,完成情景模拟,要求业务处理方式合乎规定,注重细节,表述准确流畅。

(3) 小组讨论各类型人员(正常调转、毕业生、升学、失业人员等)人事档案转递业务的受理条件、申请材料、办理流程及注意事项,并以书面形式提交。

(4) 教师总结。

(二) 实训二

【实训名称】 业务综合能力训练

【实训目的】 熟悉人事档案转递、材料审核等业务的要求及办理流程。

【实训步骤】

(1) 模拟工作情境:

> 汪洋于1989年7月从浙江某大学毕业后被分配到BJKY研究总院。1990年调整工资审批表上注明汪洋的专业技术职务为助理工程师,其工资调整前为82元,调整后为89元;1995年套改职务工资审批表上注明其职务为工程师,工资上升为153元。1990—1996年各年度考核均合格。1999年,BJKY研究总院改制为企业。2005年,汪洋辞去单位职务,被某工程咨询公司高薪引进,担任技术总监。时隔七个年头,2012年汪洋才委托其爱人前往原单位提取档案,希望能将其档案存放在户口所在地的人才服务中心。

(2) 思考以下问题:

① 汪洋的爱人去原单位提档以及到区人才服务中心办理个人存档需要带齐哪些资料?经过哪些手续?

② 汪洋在调换工作单位后,档案一直存放在原单位。这一做法违背了人事档案的哪种性质?这种档案可否接收?有何补救措施?

③ 人才服务中心的人员在审档过程中应特别注意哪些事项?哪些材料必须补齐后该档案方可接收?

(3) 学生代表回答。

(4) 教师总结。

三、业务经办

本节以北京市流动人员为例,重点介绍档案转出和档案转出恢复业务。

(一) 档案转出

依据有关规定,档案管理机构为委托存档单位职工、存档个人办理档案转出的服务过程包括调动转档、失业转档、退休转档、入学转档、毕业生初次就业转档等。

1. 业务流程图

业务流程图详见图6-1。

2. 具体操作流程

第一步,申请人提交申请材料;

第二步,服务窗口审核申请材料,检查限制服务情况,不符合规定的,告知申请人;

第三步,通知档案库房档案出库;

第四步,服务窗口登记档案转出信息,打印档案转递通知单、档案材料清单,为调动转档、入学转档出具行政、工资介绍信;并整理密封档案;

第五步,填写《档案转出登记表》,申请人签字,确认档案转出;

第六步,相关材料归入文书档案管理;

第七步,收取档案转递单回执。

3. 注意事项

第一,带齐申请材料:转入单位开具的《商调函》、本人身份证,非本人办理的,需提供本人授权委托书;如系单位委托存档,需带齐《单位委托存档人员解除合同证明信》《单位委托存档人员聘用期内鉴定表》、经办人身份证、申请人身份证。

第二,不同申请类型人员申请材料有别,除以上基本申请材料外,下列人员还需提供相应的申请材料。① 失业人员转档还需提供:《档案转移情况表》、终止(解除)劳动(聘用)合同或者工作关系的证明、《社会保险转移明细单》;② 退休转档还需提供:《北京市基本养老保险待遇核准表》《北京市转往街道管理退休人员养老金转移单》、实行社会化管理的非公有制用人单位需提供区、县社保部门的批复、《北京市非公有制用人单位退休人员实行社会化管理转移通知书》《北京市非公有制用人单位退休人员实行社会化管理转移名册》;③ 入学转档还需提供:全日制高等院校《录取通知书》《调档函》;④ 毕业生初次就业转档还需提供:《就业报到证》。

第三,办理档案转出业务之前,先核实社会保险关系、集体户口、党组织关系是否已转出。

第四,《单位委托存档人员聘用期内鉴定表》《档案转移情况表》、终止(解除)劳动(聘用)合同或者工作关系的证明、《北京市基本养老保险待遇核准表》《北京市非公有制用人单位退休人员实行社会化管理转移通知书》《北京市非公有制用人单位退休人员实行社会化管理转移名册》归入本人档案;其他材料归入文书档案管理。

第五,整理档案过程中,桌面上只放一个人的档案,防止档案材料丢失或误放,禁止擅自泄露档案内容,不能涂改、抽取或销毁、伪造人事档案。整理好材料后,所有材料装入档案袋,密封并加盖密封章。做到人事档案一次性转出,禁止分批转出或留存部分档案材料。

第六,除非接收单位同意密封自取,人事档案的转递必须通过机要交通或派专人送取。

(二) 转出恢复

1. 业务流程图

业务流程图详见图6-2。

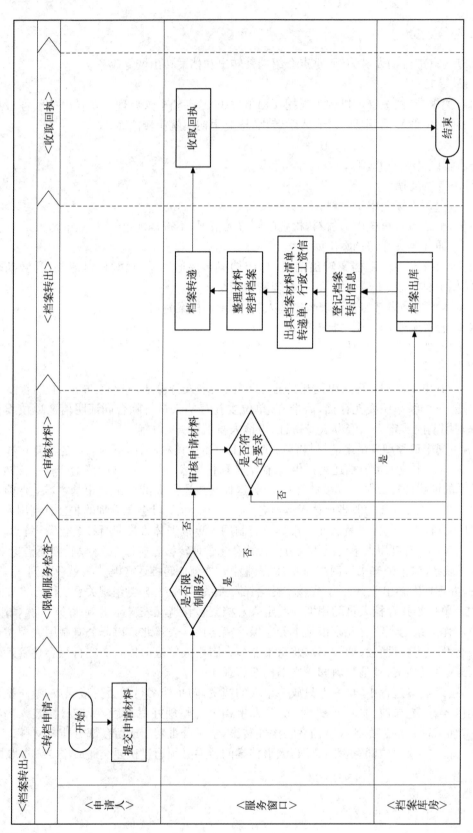

图 6-1 档案转出业务流程图

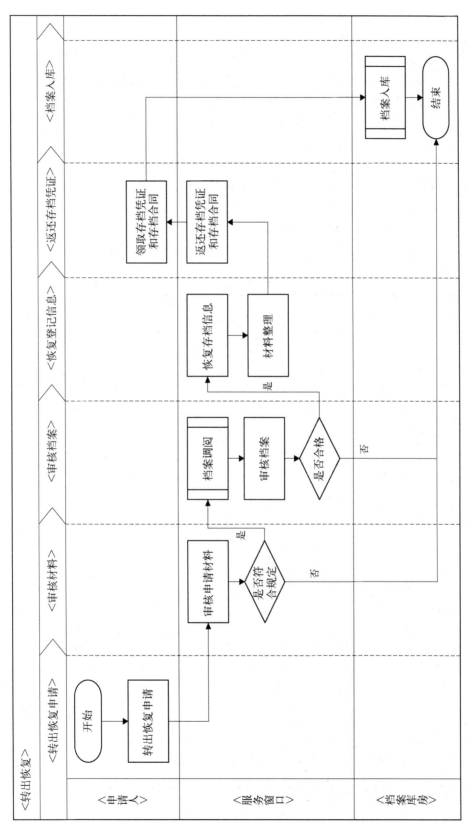

图 6-2 档案转出恢复业务流程图

2. 具体操作流程

第一步,申请人提交申请材料;

第二步,服务窗口审核转出恢复材料,不符合规定的,告知申请人;

第三步,审核档案材料是否有缺失,已数字化的,调阅影像档案,如有缺失,将档案退回;

第四步,审核通过后恢复存档信息,整理相关材料;

第五步,返还申请人的存档凭证和存档合同;

第六步,通知档案库房,档案入库。

3. 注意事项

第一,带齐申请材料:本人恢复存档申请,如系单位委托存档,需带齐单位存档同意恢复介绍信、经办人身份证。

第二,本人恢复存档申请、单位存档同意恢复介绍信归入文书档案管理。

业务表单示例6-1:档案材料清单

档案材料清单

姓 名		性 别		身份证号				
类 号		材料名称	材料制成时间			份数	页数	备注
			年	月	日			
一	履 历							
二	自 传							
三	考核鉴定							
四	学历、学位、职称、培训							
五	政 审							
六	党 团							
七	奖 励							
八	处 分							
九	任免、聘用工资、出国、失业、保险							
十	其 他							
档案转出单位	(盖章) 经办人: 年 月 日				档案接收单位	(盖章) 核收人: 年 月 日		

注:1. 此清单由档案转出单位填写,盖章后装入本人档案。

2. 空格部分用斜线划掉。

业务表单示例6-2：人事档案转递通知单

流动人员人事档案转递通知单存根

第　　号

已将_____同志的人事档案共_____卷，材料共_____份，转往_____。

经办人：　　　　　　　　　　　　　发件单位（盖章）
　　　　　　　　　　　　　　　　　　年　　月　　日

流动人员人事档案转递通知单

_____：

兹将_____同志的人事档案材料转去，请按人事档案内所列目录清点查收，并将回执退回。

经办人：　　　　　　　　　　　　　发件单位（盖章）
　　　　　　　　　　　　　　　　　　年　　月　　日

姓名	原工作单位	转递原因	正本（卷）	副本（卷）	人事档案材料（份）	备注

回　　执

_____：

你处于_____年___月___日转来的第____号存档人员转递通知单中所开列的_____同志的人事档案共_____卷，材料_____份，已全部收到，现将回执退回，请查收。

收件人（签名）：　　　　　　　　　　收件单位（盖章）
　　　　　　　　　　　　　　　　　　年　　月　　日

回执邮寄地址及邮编：_____

业务表单示例6-3：人事档案转出登记表

序号	姓名	存档号	调往单位名称	系统内调动			调往系统外						转入时间	转出时间	取档人签字	备注
				存档机构	就业转失业	退休	机关及事业单位	企业	人力资源服务机构	升学-本市城镇	升学-本市农业	外埠	其他				

业务表单示例6-4：北京市流动人员行政、工资介绍信

行政工资介绍信存根

京（ ）介字第　号

姓名	
性别	
存档类别编号	
职别	
档案工资	
津贴及其他	
调往单位	
备注	

经办人：　　　　　日期：

北京市流动人员行政、工资介绍信

京（ ）介字第　号

_____：
　兹介绍_____同志到你处工作，请予接洽。

姓名		性别		原身份职别	
档案工资		津贴及其他			

工资发至：　　年　月　日
你单位起薪日：　年　月　日

备注：

经办人：　　　　　日期：

任务三　综合实训

一、任务要求

通过填写表格回顾本项目的学习内容和技能。

二、实训

【实训名称】回顾本项目学习的收获

【实训目的】系统回顾课堂知识,加深印象;培养学生勤于思考和总结的习惯。

【实训内容】认真填写下列表格。

回顾本项目学习的收获				
项目名称				
学号 姓名		训练地点	训练时间	
我从本项目学到的三种知识或者技能				
完成本项目过程中给我印象最深的两件事情				
一种我想继续学习的知识或者技能				
考核标准	(1)课堂知识回顾完整,能用自己的语言复述课堂内容; (2)记录内容和课堂讲授相关度较高; (3)学生进行了认真思考。			
教师评价			成绩	

【实训要求】

(1)仔细回想本项目所学内容,若有不清楚的地方,查看相关知识链接。

(2)本部分内容以自己填写为主,不需过于注意语言的规范性,只要能分条说清楚即可。

项目七

人事档案的登记与统计

教学目标

知识目标

① 理解人事档案统计工作的意义；
② 了解人事档案登记和统计的联系；
③ 熟悉常用的人事档案登记表格；
④ 掌握人事档案统计工作的内容及方法。

能力目标

① 通过人事档案登记表格的填写，提高学生的档案登记工作能力；
② 能利用相关统计指标，对人事档案的各项业务进行统计；
③ 通过分析人事档案统计数据和报告撰写，提高学生的统计分析能力。

案例导入

高校人事档案统计工作现状及分析思路

人事档案统计工作是用定量的方法对档案资料和档案管理工作进行分析，在量化分析中对档案工作进行观察和研究，以数字形式揭示当前档案资料利用和档案管理工作中的一般现象和一般规律，为反映档案管理工作过程水平和发展速度，加强和改善管理提供重要依据，为总结经验、探索档案工作发展规律提供线索。

长期以来，由于人事档案管理体制的制约，我国现行的人事档案管理仍主要延续着传统的人事档案管理模式，制度化、规范化工作才刚刚起步。高校人事档案相对集中，但是，部分人事档案主管部门疏于对人事档案业务工作的指导，或者对人事档案工作的重要性认识不到位,致使人事档案工作指导和监督力度不够。尤其是人事档案统计分析工作浮于表面,未能深入,更不能真正体现档案的实际效益。

高校人事档案统计目前主要集中于每年例行的数据统计,而未具体分析通过人事档案的信息资源所考察到的社会价值。浮于表面的人事档案统计工作,说明不了人事档案给高校发展和社会进步带来的价值和作用,不利于人事档案资源的开发,也不利于高校人事工作和档案管理的长久发展。同时,现代化手段的滞后也严重影响当前高校人事档案统计工作的开展。尽管高校已经普遍实行人事档案信息化管理,但受资金、设备和人员等多方面因素影响,现代化管理手段形同虚设,以现代化管理手段为基础的数字化模型和统计分析就无法进行,影响人事档案统计工作的开展。

下面以突出统计资料收集重点为例,对人事档案统计工作提出一些基本思路,以加强和完善高校人事档案统计工作。

提高档案工作的收集效率,建立资料的收集方案,明确调查目的和目标,是人事档案统计分析的基础,其工作质量的好坏,不仅直接影响人事档案工作的其他环节,而且对全面准确地选人和用人起重要作用。人事档案工作人员在收集、归档、编目等一系列工作中,要经常利用统计指标来判断各阶段各类别资料是否齐全,做到统观全局,心中有数。

实际工作中,将资料来源分为经常性档案资料和一时性档案资料。经常性档案材料包括:

① 人事任免材料(包括考察材料)、新到人员填写的干部履历表、年度考核登记表,由人事调配科负责;

② 入党入团志愿书、申请书、党员登记表,由组织统战科负责;

③ 评聘专业技术职务材料、在职人员取得新学历经组织确认后应归档材料,由师资培训科负责;

④ 各种工资材料,由工资科负责。

一时性档案材料包括:实行《公务员制度》中形成的招考录用材料;党代会、人大会、政协会等代表登记表;奖惩材料;出国出境人员登记表等。

在时间上掌握经常性材料的收集方法,就可以明确什么时间段该集中收集哪类材料。

表7-1 2010年经常性档案资料收集时间统计表

季度	分组	院本部	附属一院	附属二院	附属三院	合计
第一季度	①	783	56	22	74	935
	②	39	5	1	7	52
	③	36	4	2	2	44
	④	923	155	44	61	1 183

(续表)

季度	分组	院本部	附属一院	附属二院	附属三院	合计
第二季度	①	12	0	0	0	12
	②	22	0	0	0	22
	③	43	0	0	0	43
	④	60	11	7	0	78
第三季度	①	6	0	0	0	6
	②	72	0	0	0	72
	③	162	6	2	3	173
	④	0	0	0	0	0
第四季度	①	3	3	2	3	11
	②	9	0	0	0	9
	③	71	10	1	4	86
	④	35	13	7	9	64

通过表7-1发现，第一组材料第一季度为收集重点；第二组材料第三季度高于其他三个季度，收集方法平稳；第三组材料第三季度和第四季度为收集重点；第四组材料第一季度为收集重点。

将原始数据加以统计，从不同角度观察其规律，枯燥的数字就变得醒目直观了。此外，还可以通过对人员学历结构、职称结构进行统计分析，为高校人事工作提供服务。

资料来源：赵金卓、程荣，"高校人事档案统计结构分析"，《华中师范大学学报》，2011年第7期，第43—45页。

思考：如何做好人事档案统计工作？结合你所学的统计分析方法，提出一些人事档案统计分析思路，为人事档案管理、组织、人事决策服务。

任务一　人事档案的登记

一、任务要求

了解人事档案登记的类型和作用，熟悉常用的人事档案登记表格，并通过填写来增强档案登记的意识和能力。

二、实训

[实训名称]填写人事档案登记表格

【实训目的】熟悉常用的人事档案登记表格,并能正确填写。

【实训步骤】

(1) 全班 4—5 人一组,分成若干小组;

(2) 以小组为单位,整理前面所学环节中涉及的各种人事档案登记表格;

(3) 以小组为单位,认真填写并写出填表说明;

(4) 以书面形式提交小组作业。

【实训要求】

步骤 2 要求经过讨论,整理人事档案收集归档、鉴别整理、保管利用各环节中核心业务办理中所涉及的登记表,明确各类表中包含的项目;步骤 3 要求小组成员做好分工,填写相关表格,并提炼注意事项,写出填表说明。

三、相关知识链接

人事档案登记包括人事档案状况登记和人事档案工作登记两个方面,属于工作记录性登记,它既是人事档案管理各环节中必须履行的工作程序和手续,也是一种人事档案管理手段。

(一) 人事档案状况登记

人事档案状况一般指的是档案的数量、存在与保管状态及其变化情况。有关档案数量、存在与保管状态及其变化情况的登记形式主要有:

1. 人事档案底册

人事档案底册是人事档案管理机构所管的全部人事档案的清册或总登记簿,用来登记本机构的档案库藏情况。其具体内容和格式可以根据自己的需要设计。表 7-2 是一个簿册式人事档案底册样底。

表 7-2 人事档案底册(簿册式)

档案号	姓 名	工作单位及职务	数量(正/副本)	备 注

注:① 该册为 A4 纸纵向,左边留装订线;

② 若该人员档案转出,应及时在备注栏内注明转出时间、数量、转往单位、机要发文号。

2. 人事档案材料收转登记簿

人事档案材料收转登记簿是指对人事档案及人事档案材料的进出(接收、转出)情况进行登记的簿册,如表 7-3 所示。

(二) 人事档案工作登记

人事档案工作状况登记主要涉及档案工作过程中发生的一些重要情况和基本的工作行为事实和数据。有关人事档案工作基本情况的记录主要有:

表 7-3　人事档案材料收转登记簿

时间	姓名	档案内容											处理情况		备注
		履历材料	自传材料	鉴定考核	学历专技	政审材料	党团材料	奖励材料	处分材料	任免材料	工资变动	出国审批	其他材料	转入单位	转往	

注：① 该册为 A4 纸横向，左边留装订线；
② 转入或转出人事档案/人事档案材料，应分册登记；
③ 登记以收到或转出时间为序；
④ 处理情况栏内，转入人事档案应注明转入单位、转出人事档案应注明转往单位，以及机要发文号。

1. 工作日志

工作日志是指逐日记录每一天的工作内容及其进程，可以积累详尽的原始工作记录，为日后查考和总结提供素材。每次记录按时间先后进行，记录工作内容、工作量或工作进度、问题及处理情况，并注明记录人姓名和记录时间。

工作内容主要包括：① 学习人事档案工作政策法规和有关文件情况；② 召开人事档案工作方面的会议记录；③ 人事档案材料收集归档登记，包括缺少材料、退回补充材料、不符合要求的材料、不应归档材料；④ 人事档案材料鉴别审核情况登记；⑤ 人事档案材料整理情况登记(整理的起止时间、整理方法、人员组织情况、案卷质量、装订排列上柜/架、编研检索工具情况)；⑥ 设施设备改善、增加情况登记；⑦ 对所属单位档案工作进行检查、监督和指导情况；⑧ 人事档案利用情况登记。

2. 人事档案保管情况登记

人事档案保管情况登记主要包括安全检查登记、设备设施情况登记、温湿度测记簿。

（1）安全检查是一项重要的库房管理工作。通过检查了解人事档案保管状态，采取有效措施改善保管条件，是确保档案安全完整有序的必要工序。安全检查分定期检查和不定期检查。一般是每季度或半年定期检查一次，不定期检查一般是在发生水灾、火灾或虫害、受潮等情况、档案泄密遗失或被盗后、上级或主管部门检查时进行。检查内容包括毁灭、遗失、盗窃、涂改、造假档案数量与内容；霉变、褪色、尘污、虫蛀、破损情况；档案材料账实相符；有无随意销毁档案材料及失密泄密事件；库房管理及提供利用情况；其他不安全因素等。检查结果应认真记录，重大事件的检查结果应有专题报告，对检查出的问题及时采取措施认真处理。

（2）人事档案库房及设备设施情况登记一般只登记一次，之后只需要核对登记增减情况，以便下次统计之用。

（3）人事档案库房温湿度测记簿有利于随时掌握库房温湿度情况，以便出现不适宜档案保管的温湿度时及时采取措施。温湿度应每日或每周定时观测，并做好记录。

3. 人事档案利用情况登记

人事档案利用情况登记是登记的重点。凡查阅、外借、出具证明或提供其他利用服务，均应认真登记(表 7-4)。

表 7-4　人事档案提供利用情况登记簿

利用何人档案	利用者单位	利用者姓名	利用理由	利用方式	提供利用时间	归还时间	利用效果	备　注

注：① 该册为 A4 纸横向，左边留装订线；
② 凡利用人事档案，无论外借、查阅或开具证明，均需登记；
③ 该簿为利用工作查考记录，由工作人员负责填写，凡借用档案，必须另行办理手续；
④ 利用效果记录要详细记录利用档案解决问题的经过。

4. 专兼职档案管理人员登记簿

专兼职档案管理人员登记簿是对档案管理工作人员队伍的数量、质量情况进行登记，有利于了解工作人员数量、结构特征（表 7-5）。

表 7-5　专兼职档案管理人员登记簿

工号	姓名	性别	职务职称	出生年月	学历	工作经历	服务年资	薪酬	备注

除上述人事档案登记外，人事档案工作的其他方面仍有进行登记的必要。如人事档案出入库登记、人员进出库房登记、各类人员档案接收情况登记等。

人事档案登记所形成的记录直接反映人事档案及其管理状况，可以作为人事档案统计的数据基础。人事档案统计工作一般是建立在必要的日常工作情况记录性的登记形式基础上的，统计工作除了专门设计的统计调查项目外，大量的原始数据都是从各种各样的登记材料中获得的。

任务二　人事档案的统计

一、任务要求

掌握人事档案统计的内容和方法；能利用相关统计指标对人事档案状况及人事档案工作进行统计，编制人事档案统计报表；运用合适的统计方法对人事档案统计数据进行分析并撰写报告。

二、实训

【实训名称】人事档案利用统计分析
【实训目的】熟悉人事档案相关统计指标，对人事档案利用工作进行统计分析。

【实训步骤】

(1) 全班4—5人一组，分为若干小组；

(2) 以小组为单位，根据所提供的《流动人员人事档案利用月报表》及数据进行统计分析；

(3) 撰写报告并提交。

【实训要求】

在熟悉人事档案利用业务的基础上，对人事档案利用情况进行统计分析，并查阅相关资料，形成一篇结构合理、图文并茂的分析报告。

三、相关知识链接

(一) 人事档案统计的定义

人事档案统计就是运用一系列专门的统计方法和技术，对人事档案工作领域中的诸种现象、状态和趋势等进行量的描述与分析，为决策工作提供坚实可靠的数据支持，为组织、人事工作服务。

人事档案统计是了解、认识和掌握人事档案工作总体情况的一种方法和手段。如果没有对人事档案工作及其发展情况的掌握，以及对这一基本情况的综合分析，就不可能正确指导当前的人事档案工作，也就不可能实现人事档案的科学化、规范化管理。

(二) 人事档案统计的内容

1. 人事档案数量的统计

(1) 保存档案正本、副本数量统计。

(2) 分类情况统计，包括：

- 在职人员档案主管、协管、代管统计；
- 各系统、各职级、各层次人员档案统计；
- 非在职人员(离休、退休)档案统计；
- 死亡人员档案统计；
- 不同保管期限数量统计；
- "无头档案"统计。

2. 人事档案管理情况统计

- 人事档案的变动增减情况统计；
- 人事档案收集情况统计：接收人事档案和人事档案材料的统计，需补充人事档案统计，不应归档材料转、退、留、毁统计，材料来源的收集途径及其各途径收集数量统计；
- 人事档案的鉴别整理情况统计：已整理案卷统计，续整理案卷统计，通过整理需要销毁的档案数量统计、需要复制或技术加工的档案数量统计；
- 人事档案利用情况统计：利用档案卷、件次统计，利用类型统计(工作查考、编史修志、学术研究等)，利用方式(查阅、外借、出具证明等)统计，利用人数统计，利用率统计；
- 人事档案保管情况统计：人事档案流动情况、人事档案遭受损失情况的统计等；
- 人事档案转递情况统计：转出人事档案统计，转出零星材料统计，接收人事档案统计，接收零散材料统计。

3. 人事档案工作基本情况统计

- 机构设置情况统计：档案馆、档案室、人力资源服务机构；

- 人事档案工作人员情况统计：应定编人数、实定编人数、实有人数、与所管档案数量的比例，工作人员基本情况（年龄、文化程度、专业技术职务、从业时间等）；
- 库房情况统计：房屋间数、库房面积、是否"三室"分开；
- 档案装具及设备统计：档案架、档案柜、档案箱统计，计算机，打印复印机、"六防"设施到位情况统计。

4. 人事档案内容统计
- 深入了解本单位人力资源状况，如学历结构、职称结构、年龄结构分布、业绩水平等；
- 对人力资源状况进行科学预测。

（三）人事档案统计工作的步骤

人事档案统计工作的步骤主要包括统计调查、统计资料的整理、统计分析。

1. 人事档案统计调查

人事档案统计调查是认真研究人事档案工作的开始，是整个人事档案统计工作的基础。人事档案统计调查的方式按照组织形式可分为统计报表制度和专门调查两类。

（1）人事档案统计报表是根据原始记录和有关人事档案工作的资料，按照统一的表格形式、统一的报送时间和程序，由基层单位自下而上地提供一定时期内人事档案工作有关资料的一种工作统计调查的组织形式。人事档案统计报表制度的基本内容包括人事档案统计报表的指标及其体系的确定、报表形式的设计、报表实施范围的规定、报送程序和日期的统一以及编写填写说明等。

（2）专门调查是根据一定的要求，研究人事档案工作中某些重要问题而专门组织搜集人事档案统计资料的形式。在实际工作中，为了对某些方面进行检查，便于指导工作，可采取专门调查的形式，不定期地统计一个方面的专题内容，如人事档案管理人员基本情况统计、库房设备情况统计、整理人事档案情况统计等。专门调查的范围可大可小，可以是全国乃至世界，也可以是某地区、某行业或某一社会组织；既可以是全面调查，也可以是抽样调查。究竟采取何种方式，应根据各专门统计工作的目的、任务及统计对象的实际情况，全面考虑所需经费、人力、物力、时间等因素。

2. 人事档案统计资料的整理

统计调查所收集的资料是分散的、不系统的，只能分别反映档案管理工作总体单位的个别特征，而不能反映档案管理工作总体的特征，更不能认识档案管理工作这个总体内在的规律性。即使在人事档案统计调查阶段收集到正确、丰富的原始资料，如果不按科学的原则和方法对其进行整理，并进行统计分析，也难以得出正确的结论。因此，统计资料的整理既是统计调查的继续，又是统计分析的必要前提。

从人事档案管理工作的需要出发，人事档案统计资料的收集目前基本上是通过制发统计报表的形式，由各级组织、人事部门逐级汇总上报。统计资料的整理要从实际情况出发，基本内容可分为以下五点：① 根据研究人事档案工作诸问题的要求，确定反映人事档案统计分析需要的统计指标（项目）；② 人事档案统计基础材料的建立和管理；③ 对人事档案统计调查取得的统计资料进行审核；④ 对人事档案统计调查的各类统计表进行汇总并整理出全面、系统的汇编资料；⑤ 人事档案统计历史资料的整理。

为更好地服务于人事档案管理工作，还应注重人事档案统计资料的积累，珍惜各时期有使用价值的各种人事档案统计资料，通过系统整理汇编成册，并妥善保存。既要整理现实的统计资料,也要重视历史资料的整理。

3. 人事档案统计分析

人事档案统计分析是在统计资料收集和整理的基础上,运用科学的统计方法对所研究的人事档案工作的现象由此及彼、由表及里地进行分析研究,进而从中发现问题、找出内在联系和发展规律。

人事档案统计分析的任务包括检查对人事档案工作有关政策规定的执行情况;检查人事档案工作计划完成情况;分析人事档案工作和人员队伍的发展变化情况,为制定人事档案工作的有关政策规定、规划提供数字依据。

根据具体的统计工作任务、目标及收集资料的特点,可以选用对比分析、交叉分析、静态分析、动态分析、专题分析、系统分析等方法来进行分析。

四、业务介绍

人事档案统计分析业务是指制定相关统计指标,定期对档案管理服务的各项业务进行统计,掌握档案接收、转递、保管、利用、存档状况和工作量等方面的情况。

1. 业务流程图

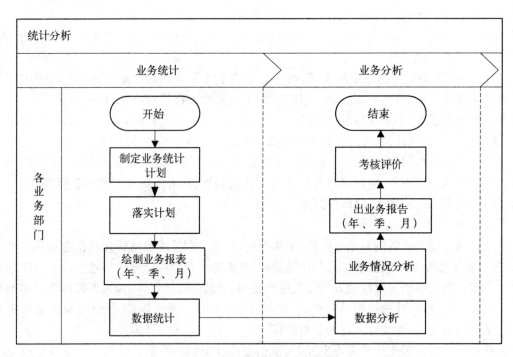

图7-1 统计分析业务流程图

2. 具体操作流程

第一步,制定档案管理的统计分析指标和计划;

第二步,形成统计分析报表;

第三步,按照时间或类型对存档情况和状态进行统计分析;

第四步,按照性别、年龄、档案来源、存档类型、档案转出取向等条件进行数据分析;

第五步,统计分析各业务的办理情况,可作为工作考核评价的依据。

五、业务表单示例

表7-6 流动人员人事档案基本数据月报表

机构名称（盖章）：　　　　　　　　　　　　　　　　　　　　　　　　　　　　　　　　　　　　年　月

现存档案数		集体户规模		性别年龄构成							学历构成			户口构成				身份情况			职称、职业资格情况			特殊人群					缴纳社保人数		代办住房公积金人数	现存死档数（失去联系满5年）
个人存档份数	集体存档份数	户中档案在100份以下户数	户中档案在100份以上户数	总数	男性			女性			中专及以下学历	大专及本科学历	研究生及以上学历	本市城镇	本单位集体户口	本市农业	非京籍	干部	工人	其他	初级及以下	中级	高级	军转干部	退伍复员军人	特殊工种	农转非（工）	随军家属	以个人名义缴纳养老失业保险	以个人名义缴纳医疗保险		
档案数字化份数					50岁以下	50岁（含）—60岁	60岁及以上	40岁以下	40岁（含）—50岁	50岁（含）—55岁	55岁及以上																					

负责人：　　　　　　　　　填表人：　　　　　　　　　电话：　　　　　　　　　填报时间：

表7-7 流动人员人事档案增减月报表

机构名称（盖章）：　　　　　　　　　　　　　　　　　　　　　年　　月

	本月新增档案									本月减少档案									
本月新增单位立户	合计	系统内调入				系统外调入					本月减少单位数	合计	系统内调动				调任系统外			本月底档案库存数
		存档机构	失业转就业	机关及事业单位	企业	人力资源服务机构	毕业生		外埠	其他			存档机构	就业转失业	退休	机关及事业单位	企业	人力资源服务机构	升学	外埠	其他
							本市城镇	本市农业											本市城镇	本市农业		

负责人：　　　　　　　填表人：　　　　　　　电话：　　　　　　　填报时间：

表7-8 流动人员人事档案利用月报表

机构名称（盖章）： 　　年　　月

开具证明服务												生育服务			退休服务					其他服务（请列举）			材料收集	档案利用			
存档证明	参加工作时间证明	生育状况证明	无违法记录证明	无收入无住房证明	不发放福利证明	身份证明	政治面貌证明	公证证明	亲属关系证明	工作经历证明	政审证明	生育服务证盖章	再生育盖章	独生子女申请表盖章	劳动能力鉴定人数	退休总人数	提前退休			超龄补缴退休人数	职称申报核准			档案材料收集	档案材料复印	数字档案影像材料打印	档案查阅	档案材料外借	档案外借
																	病退人数	特殊工种退休人数	正常退休人数										

负责人： 　　　　　　　　　　　　　　　填表人： 　　　　　　　　　　　　　　　电话： 　　　　　　　　　　　　　　　填报时间：

任务三　综合实训

一、任务要求

通过填写表格回顾本项目的学习内容和技能。

二、实训

【实训名称】回顾本项目学习的收获

【实训目的】系统回顾课堂知识，加深印象；培养学生勤于思考和总结的习惯。

【实训内容】认真填写下列表格。

回顾本项目学习的收获			
项目名称			
学号 姓名	训练地点		训练时间
我从本项目学到的三种知识或者技能			
完成本项目过程中给我印象最深的两件事			
一种我想继续学习的知识或者技能			

(续表)

考核标准	(1) 课堂知识回顾完整,能用自己的语言复述课堂内容; (2) 记录内容和课堂讲授相关度较高; (3) 学生进行了认真思考。		
教师评价		成绩	

【实训要求】

(1) 仔细回想本项目所学内容,若有不清楚的地方,查看相关知识链接。

(2) 本部分内容以自己填写为主,不需过于注意语言的规范性,只要能分条说清楚即可。

附 录

附录1 干部人事档案工作条例

第一章 总 则

第一条 为了贯彻新时代党的组织路线,落实从严管理干部要求,充分发挥干部人事档案在建设高素质专业化干部队伍中的重要作用,推动干部人事档案工作科学化、制度化、规范化,根据《中国共产党章程》等党内法规和《中华人民共和国公务员法》、《中华人民共和国档案法》等国家法律法规,制定本条例。

第二条 干部人事档案是各级党委(党组)和组织人事等有关部门在党的组织建设、干部人事管理、人才服务等工作中形成的,反映干部个人政治品质、道德品行、思想认识、学习工作经历、专业素养、工作作风、工作实绩、廉洁自律、遵纪守法以及家庭状况、社会关系等情况的历史记录材料。

第三条 干部人事档案是教育培养、选拔任用、管理监督干部和评鉴人才的重要基础,是维护干部人才合法权益的重要依据,是社会信用体系的重要组成部分,是党的重要执政资源,属于党和国家所有。

第四条 干部人事档案工作必须坚持以马克思列宁主义、毛泽东思想、邓小平理论、"三个代表"重要思想、科学发展观、习近平新时代中国特色社会主义思想为指导,坚持和加强党的全面领导,坚持党要管党、全面从严治党,坚持德才兼备、以德为先、任人唯贤,坚持科学管理、改革创新,服务广大干部人才,服务党的建设新的伟大工程,服务新时代中国特色社会主义伟大事业。

第五条 干部人事档案工作应当遵循下列原则:

(一)党管干部、党管人才;

(二)依规依法、全面从严;

(三)分级负责、集中管理;

(四)真实准确、完整规范;

(五)方便利用、安全保密。

第六条 本条例适用于党政领导干部、机关公务员、参照公务员法管理的机关(单位)工作人员（工勤人员除外），国有企事业单位领导人员、管理人员和专业技术人员的人事档案管理工作。

第二章 管理体制和职责

第七条 全国干部人事档案工作在党中央领导下，由中央组织部主管，各地区各部门各单位按照干部管理权限分级负责、集中管理。

第八条 中央组织部负责全国干部人事档案工作的宏观指导、政策研究、制度建设、协调服务和监督检查。建立由中央组织部牵头、中央和国家机关有关部门参与的干部人事档案工作协调配合机制，研究完善相关政策和业务标准，解决有关问题，促进工作有机衔接、协同推进。

第九条 各级党委（党组）领导本地区本部门本单位干部人事档案工作，贯彻落实党中央相关部署要求，研究解决工作机构、经费和条件保障等问题，将干部人事档案工作列为党建工作目标考核内容。

第十条 各级组织人事部门负责本地区本部门本单位干部人事档案工作，建立健全规章制度和工作机制，配齐配强工作力量，组织开展宣传、指导和监督检查。

第十一条 中央组织部负责集中管理中央管理干部的人事档案。

第十二条 中央和国家机关各部委、参照公务员法管理的机关（单位）组织人事部门，中管金融企业、中央企业、党委书记和校长列入中央管理的高校组织人事部门，负责集中管理党委（党组）管理的干部（领导人员、管理人员、专业技术人员，下同）和本单位其他干部的人事档案。

第十三条 省（自治区、直辖市）、市（地、州、盟）党委组织部门负责集中管理本级党委管理干部的人事档案；省、市级直属机关和国有企事业单位组织人事部门集中管理党委（党组）管理的干部和本单位其他干部的人事档案。县（市、区、旗）以下机关（单位）的干部人事档案可以按不同类别、身份，由县（市、区、旗）党委组织部门、人力资源社会保障部门等分别集中管理。

第十四条 根据工作需要，经上级组织人事部门批准，有关机关（单位）组织人事部门可以集中管理下级单位的干部人事档案。

第十五条 干部人事档案工作人员和与其档案管理同在一个部门且有夫妻、直系血亲、三代以内旁系血亲、近姻亲关系人员的档案，由干部人事档案工作人员所在单位组织人事部门另行指定专人管理。

第十六条 组织人事部门应当明确负责干部人事档案工作的机构（以下简称干部人事档案工作机构），每管理1000卷档案一般应当配备1名专职工作人员。有业务指导任务的干部人事档案工作机构，还应当配备相应的业务指导人员。管理档案数量较少且未设立工作机构的单位，应当明确岗位，专人负责。干部人事档案工作机构（含干部人事档案工作岗位，下同）的职责包括：

（一）负责干部人事档案的建立、接收、保管、转递，档案材料的收集、鉴别、整理、归档，档案信息化等日常管理工作；

（二）负责干部人事档案的查（借）阅、档案信息研究等利用工作，组织开展干部人事档案审核工作；

(三)配合有关方面调查涉及干部人事档案的违规违纪违法行为；
(四)指导和监督检查下级单位干部人事档案工作；
(五)办理其他有关事项。

第十七条　组织人事部门应当选配政治素质好、专业能力强、作风正派的党员干部从事干部人事档案工作。强化党性教育和业务培训，从严管理，加强激励保障。干部人事档案工作人员应当政治坚定、坚持原则、忠于职守、甘于奉献、严守纪律。对于表现优秀的干部人事档案工作人员，应当注重培养使用。

第三章　内容和分类

第十八条　干部人事档案内容根据新时代党的建设和组织人事工作以及经济社会发展需要确定，保证真实准确、全面规范、鲜活及时。

第十九条　干部人事档案主要内容和分类包括：

(一)履历类材料。主要有《干部履历表》和干部简历等材料。

(二)自传和思想类材料。主要有自传、参加党的重大教育活动情况和重要党性分析、重要思想汇报等材料。

(三)考核鉴定类材料。主要有平时考核、年度考核、专项考核、任(聘)期考核，工作鉴定，重大政治事件、突发事件和重大任务中的表现，援派、挂职锻炼考核鉴定，党组织书记抓基层党建评价意见等材料。

(四)学历学位、专业技术职务(职称)、学术评鉴和教育培训类材料。主要有中学以来取得的学历学位，职业(任职)资格和评聘专业技术职务(职称)，当选院士、入选重大人才工程，发明创造、科研成果获奖、著作译著和有重大影响的论文目录，政策理论、业务知识、文化素养培训和技能训练情况等材料。

(五)政审、审计和审核类材料。主要有政治历史情况审查，领导干部经济责任审计和自然资源资产离任审计的审计结果及整改情况、履行干部选拔任用工作职责离任检查结果及说明，证明，干部基本信息审核认定、干部人事档案任前审核登记表，廉洁从业结论性评价等材料。

(六)党、团类材料。主要有《中国共产党入党志愿书》、入党申请书、转正申请书、培养教育考察，党员登记表，停止党籍、恢复党籍、退党、脱党，保留组织关系、恢复组织生活，《中国共产主义青年团入团志愿书》、入团申请书，加入或者退出民主党派等材料。

(七)表彰奖励类材料。主要有表彰和嘉奖、记功、授予荣誉称号、先进事迹以及撤销奖励等材料。

(八)违规违纪违法处理处分类材料。主要有党纪政务处分，组织处理，法院刑事判决书、裁定书，公安机关有关行政处理决定，有关行业监管部门对干部有失诚信、违反法律和行政法规等行为形成的记录，人民法院认定的被执行人失信信息等材料。

(九)工资、任免、出国和会议代表类材料。主要有工资待遇审批、参加社会保险，录用、聘用、招用、入伍、考察、任免、调配、军队转业(复员)安置、退(离)休、辞职、辞退，公务员(参照公务员法管理人员)登记、遴选、选调、调任、职级晋升，职务、职级套改，事业单位管理岗位职员等级晋升，出国(境)审批，当选党的代表大会、人民代表大会、政协会议、群团组织代表会议、民主党派代表会议等会议代表(委员)及相关职务等材料。

（十）其他可供组织参考的材料。主要有毕业生就业报到证、派遣证，工作调动介绍信，国（境）外永久居留资格、长期居留许可等证件有关内容的复印件和体检表等材料。干部人事档案材料具体内容和分类标准由中央组织部确定。

第二十条　各级党政机关、国有企事业单位和其他组织及个人应当按照各自职责，共同做好干部人事档案内容建设。中央组织部会同有关部门统一明确归档材料的内容填写、格式规范等要求。各级党政机关、国有企事业单位和其他组织应当按照要求制发材料。干部本人和材料形成部门必须如实、规范填写材料。材料形成部门应当按照相关规定审核材料，在材料形成后1个月内主动向相应的干部人事档案工作机构移交。

第四章　日　常　管　理

第二十一条　干部人事档案日常管理主要包括档案建立、接收、保管、转递、信息化、统计和保密，档案材料的收集、鉴别、整理和归档等。日常管理工作中，组织人事部门及其干部人事档案工作机构应当执行国家档案管理的有关法律法规，接受同级档案行政管理部门的业务监督和指导。

第二十二条　干部人事档案分为正本和副本。首次参加工作被录用或者聘用为本条例第六条所列人员的，由相应的干部人事档案工作机构以其入党、入团、录用、聘用、中学以来的学籍、奖惩和自传等材料为基础，建立档案正本，并且负责管理。干部所在单位或者协管单位干部人事档案工作机构根据工作需要，可以建立副处级或者相当职务以上干部的干部人事档案副本，并且负责管理。副本由正本主要材料的复制件构成。正本有关材料和信息变更时，副本应当相应变更。发现干部人事档案丢失或者损毁的，必须立即报告上级组织人事部门，并且全力查找或者补救。确实无法找到或者补救的，经报上级组织人事部门批准，由负责管理档案的干部人事档案工作机构协调有关单位重新建立档案或者补充必要证明材料。

第二十三条　干部人事数字档案是按照国家相关技术标准，利用扫描等技术手段将干部人事纸质档案转化形成的数字图像和数字文本。组织人事部门及其干部人事档案工作机构在干部人事档案数字化过程中，应当严格规范档案目录建库、档案扫描、图像处理、数据存储、数据验收、数据交换、数据备份、安全管理等基本环节，保证数字档案的真实性、完整性、可用性、安全性，确保与纸质档案一致。干部人事数字档案在利用、转递和保密等方面按照纸质档案相关要求管理。

第二十四条　组织人事部门及其干部人事档案工作机构应当按照预防为主、防治结合的要求，建立和维护科学合理的档案存放秩序，按照有关标准要求建设干部人事档案库房，加强库房安全管理和技术防护。档案数量较少的单位，也应当设置专用房间保管档案。阅档场所、整理场所、办公场所应当分开。

第二十五条　干部人事档案管理权限发生变动的，原管理单位的干部人事档案工作机构应当对档案进行认真核对整理，保证档案内容真实准确、材料齐全完整，并在2个月内完成转递；现管理单位的干部人事档案工作机构应当认真审核，严格把关，一般应当在接到档案2个月内完成审核入库。干部出现辞职、出国不归或者被辞退、解除（终止）劳动（聘用）合同、开除公职等情况，在党委（党组）或者组织人事等有关部门对当事人作出结论意见或者处理处分，经保密审查后，原管理单位的干部人事档案工作机构应当将档案转递至相应的干部人事档案工作机构、公共就业和人才服务机构或者本人户籍所在地的社会保障服务机构。接收单位不得无故拒绝接收人事档案。转递干部人事档案必须通过机要交通或者安排专人送取,转递单位和接收单位应当严格履行转递手续。因行政区划调整、机构改革等原因单位撤销合并、职能划转、职责调整,国有企业破产、重组等,组织人事部门应当制定干部人事档案移交工作方案,编制移交清单,按照有关要求及时移交档案。干部死亡5年后,其人事档案移交本单位档案部门保存,按同级国家档案馆接收范围的规定进馆。

第二十六条 组织人事部门及其干部人事档案工作机构应当按照国家相关标准和要求,加强档案信息资源的规划、建设、开发和管理,提升档案信息采集、处理、传输、利用能力,建立健全安全、便捷、共享、高效的干部人事档案信息化管理体系。

第二十七条 组织人事部门及其干部人事档案工作机构应当定期对干部人事档案日常管理、基础设施和队伍建设等工作情况进行统计、分析、研判,加强档案资源科学管理。

第二十八条 各级党政机关、国有企事业单位和其他组织及个人,对于属于国家秘密、工作秘密的干部人事档案材料和信息,应当严格保密;对于涉及商业秘密、个人隐私的材料和信息,应当按照国家有关法律规定进行管理。

第二十九条 干部人事档案工作机构及其工作人员应当按照相关标准和要求,及时收集材料,鉴别材料内容是否真实,检查材料填写是否规范、手续是否完备等;对于应当归档的材料准确分类,逐份编写材料目录,整理合格后,一般应当在2个月内归档。

第五章 利用和审核

第三十条 干部人事档案利用工作应当强化服务理念,严格利用程序,创新利用方式,提高利用效能,充分发挥档案资政作用、体现凭证价值。干部人事档案利用方式主要包括查(借)阅、复制和摘录等。

第三十一条 因工作需要,符合下列情形之一的,可以查阅干部人事档案:

(一)政治审查、发展党员、党员教育、党员管理等;

(二)干部录用、聘用、考核、考察、任免、调配、职级晋升、教育培养、职称评聘、表彰奖励、工资待遇、公务员登记备案、退(离)休、社会保险、治丧等;

(三)人才引进、培养、评选、推送等;

(四)巡视、巡察,选人用人检查、违规选人用人问题查核,组织处理,党纪政务处分,涉嫌违法犯罪的调查取证、案件查办等;

(五)经具有干部管理权限的党委(党组)、组织人事部门批准的编史修志,撰写大事记、人物传记,举办展览、纪念活动等;

(六)干部日常管理中,熟悉了解干部,研究、发现和解决有关问题等;

(七)其他因工作需要利用的事项。干部本人及其亲属办理公证、诉讼取证等有关干部个人合法权益保障的事项,可以按照有关规定提请相应的组织人事等部门查阅档案。复制、摘录的档案材料,应当按照有关要求管理和使用。

第三十二条 查阅干部人事档案按照以下程序和要求进行:

(一)查阅单位如实填写干部人事档案查阅审批材料,按照程序报单位负责同志审批签字并加盖公章;

(二)查阅档案应当2人以上,一般均为党员;

(三) 干部人事档案工作机构应当按照程序审批;

(四) 在规定时限内查阅。

第三十三条　干部人事档案一般不予外借,确因工作需要借阅的,借阅单位应当履行审批手续,在规定时限内归还,归还时干部人事档案工作机构应当认真核对档案材料。

第三十四条　组织人事部门及其干部人事档案工作机构应当按照统一要求,结合实际制定查(借)阅干部人事档案的具体规定。

第三十五条　组织人事部门应当坚持"凡提必审"、"凡进必审"、干部管理权限发生变化的"凡转必审",在干部动议、考察、任职前公示、录用、聘用、遴选、选调、交流,人才引进,军队转业(复员)安置,档案转递、接收等环节,严格按照有关政策和标准,及时做好干部人事档案审核工作。

第三十六条　干部人事档案审核应当在全面审核档案内容的基础上,重点审核干部的出生日期、参加工作时间、入党时间、学历学位、工作经历、干部身份、家庭主要成员及重要社会关系、专业技术职务(职称)、学术评鉴、奖惩等基本信息,审核档案内容是否真实、档案材料是否齐全、档案材料记载内容之间的关联性是否合理以及是否有影响干部使用的情形等。

第三十七条　干部人事档案审核中发现的问题应当按照相关规定及时进行整改和处理。涉及干部个人信息重新认定的,应当及时通知干部所在单位和干部本人。凡发现档案材料或者信息涉嫌造假的,组织人事部门等应当立即查核,未核准前,一律暂缓考察或者暂停任职、录用、聘用、调动等程序。

第三十八条　组织人事部门及其干部人事档案工作机构应当运用大数据等信息技术,建立健全干部人事档案科学利用机制,为干部资源配置、领导班子建设、干部队伍宏观管理、组织人事工作规律研究等提供精准高效服务。

第六章　纪律和监督

第三十九条　开展干部人事档案工作必须遵守下列纪律:

(一) 严禁篡改、伪造干部人事档案;

(二) 严禁提供虚假材料,不如实填报干部人事档案信息;

(三) 严禁转递、接收、归档涉嫌造假或者来历不明的干部人事档案材料;

(四) 严禁利用职务、工作上的便利,直接实施档案造假,授意、指使、纵容、默许他人档案造假,为档案造假提供方便,或者在知情后不及时向组织报告;

(五) 严禁插手、干扰有关部门调查、处理档案造假问题;

(六) 严禁擅自抽取、撤换、添加干部人事档案材料;

(七) 严禁圈划、损坏、扣留、出卖、交换、转让、赠送干部人事档案;

(八) 严禁擅自提供、摘录、复制、拍摄、保存、丢弃、销毁干部人事档案;

(九) 严禁违规转递、接收和查(借)阅干部人事档案;

(十) 严禁擅自将干部人事档案带出国(境)外;

(十一) 严禁泄露或者擅自对外公开干部人事档案内容。

第四十条　党委(党组)及其组织人事部门对干部人事档案工作和本条例实施情况进行监督检查。纪检监察机关、巡视巡察机构按照有关规定,对干部人事档案工作进行监督检查。

第四十一条　党委（党组）及其组织人事部门在干部人事档案工作中,必须严格执行本条例,自觉接受组织监督和党员、干部、群众监督。下级机关（单位）和党员、干部、群众对干部人事档案工作中的违纪违规行为,有权向上级党委（党组）及其组织人事部门、纪检监察机关举报、申诉,受理部门和机关应当按照有关规定查核处理。

第四十二条　对于违反相关规定和纪律的,依据有关规定予以纠正；根据情节轻重,给予批评教育、组织处理或者党纪政务处分,并视情追究相关人员责任。涉嫌违法犯罪的,按照国家法律法规处理。

第七章　附　则

第四十三条　流动人员和自主择业军队转业干部等其他人员的人事档案管理工作,由相关主管部门根据本条例精神另行规定。

第四十四条　中国人民解放军和中国人民武装警察部队干部人事档案工作规定,由中央军事委员会根据本条例精神制定。

第四十五条　本条例由中央组织部负责解释。

第四十六条　本条例自 2018 年 11 月 20 日起施行。1991 年 4 月 2 日中央组织部、国家档案局印发的《干部档案工作条例》同时废止。

附录 2　干部档案整理工作细则

（组通字〔1991〕11 号）

第一章　总　　则

第一条　为了实现干部档案整理工作的规范化，搞好档案建设，便于档案的保管和利用，根据《干部档案工作条例》（以下简称《条例》）及有关规定，特制订本细则。

第二条　干部档案的整理工作，是档案建设的基础工作之一。它是将收集起来的每个干部的档案材料，进行鉴别、分类、排序、编目、技术加工和装订成卷，并在此基础上，不断对档案内容进行补充的工作。

第三条　各级干部档案管理部门，均应按本细则和有关规定的要求，对所管理的干部档案进行认真的整理。

第二章　整理工作的基本要求

第四条　整理干部档案，须做到认真鉴别、分类准确、编排有序、目录清楚、装订整齐。通过整理使每卷档案达到完整、真实、条理、精炼、实用的要求。

第五条　整理干部档案，事先要收集好干部档案材料，并备齐卷皮、目录纸、衬纸、切纸刀、打孔机、缝纫机等必需的物品和设备。

第六条　整理干部档案的人员，必须努力学习党的干部工作方针、政策和档案工作的专业知识，熟悉整理干部档案的有关规定，掌握整理工作的基本方法和技能，认真负责地做好整理工作。

第三章　档案材料的鉴别

第七条　干部档案材料的鉴别工作，是干部档案管理部门对收集起来准备归档的材料进行审查，甄别材料的真伪，判定材料的保存价值，确定其是否归入干部档案的工作。

第八条　鉴别归档材料，必须根据中央有关文件的精神，以《条例》和《关于干部档案材料收集、归档的暂行规定》等有关规定为依据，严肃认真地进行。

第九条　鉴别工作应坚持历史唯物主义和辩证唯物主义的观点，具体问题具体分析，根据形成材料的历史条件、材料的主要内容、用途及其保存价值，确定材料是否归入档案。

第十条　鉴别归档材料的具体做法：

（一）判定材料是否属于所管干部的材料及应归入干部档案的内容。发现有同名异人、张冠李戴的，或不属于干部档案内容和重复多余的材料，应清理出来。对其中有保存价值的文件、资料，可交文书档案或转有关部门保存。不属于干部档案的内容，比较重要的证件、文章等，组织不需要保存的，退给本人。无保存价值又不宜退回本人的，应登记报主管领导批准销毁。

（二）审查材料是否齐全、完整。政审材料一般应具备审查结论、调查报告、上报批复、主要证明材料、本人的交代等。处分材料一般应具备处分决定（包括免予处分的决定）、调查报告、上级批复、个人检讨或对处分的意见等。上述材料，属于成套的，必须齐全；每份归档材料，必须完整。对头尾不清、来源和时间不明的材料，要查清注明后再归档，凡是查不清楚或对象不明确的材料，不能归档。

（三）审查材料是否手续完备。凡规定需由组织盖章的，要有组织盖章。审查结论、处分决定、组织鉴定、民主评议和组织考核中形成的综合材料，应有本人的签署意见或由组织注明经过本人见面。任免呈报表须注明任免职务的批准机关、批注时间和文号。出国、出境审批表，须注明出去的任务、目的及出去与返回的时间。凡不符合归档要求，手续不完备的档案材料，须补办完手续后归档。

（四）鉴别中发现涉及干部政治历史问题或其他重要问题，需要查清而未查清的材料及未办理完毕的材料，不能归入干部档案，应交有关组织处理。

（五）鉴别时，发现档案中缺少的有关材料，要及时进行登记并收集补充。

第四章　档案材料的分类

第十一条　对归档的材料必须按照《干部档案工作条例》中关于正、副本十类内容的划分进行分类。

第十二条　干部档案正本，由历史地、全面地反映干部情况的材料构成。其内容分类：

第一类　履历材料：干部履历表（书）、简历表，干部、职工、教师、医务人员、军人、学生等各类人员登记表，个人简历材料，更改姓名的材料。

第二类　自传及属于自传性质的材料。

第三类　鉴定（含自我鉴定）、考察、考核材料：以鉴定为主要内容的各类人员登记表，组织正式出具的鉴定性的干部表现情况材料；作为干部任免、调动依据的正式考察综合材料；考核登记表，干部考核和民主评议的综合材料。

第四类　学历、学位、学绩、培训和专业技术情况的材料：报考高等学校学生登记表、审查表，毕业登记表，学习（培训结业）成绩表，学历证明材料，选拔留学生审查登记表；专业技术职务任职资格申报表，专业技术职务考绩材料，聘任专业技术职务的审批表，套改和晋升专业技术职务（职称）审批表；干部的创造发明、科研成果、著作及有重大影响的论文（如获奖或在全国性报刊上发表的）等目录。

第五类　政审材料：审查干部政治历史情况（包括党籍问题）的调查报告、审查结论、上级批复、本人对结论的意见、检查交代或说明情况的材料，主要证明材料；甄别、复查结论（意见、决定）、调查报告、批复及有关的依据材料；入党、入团、参军、出国等政审材料；更改干部的民族、年龄、国籍、入党入团和参加工作时间的组织审查意见，上级批复以及所依据的证明材料。

第六类　加入党团的材料：中国共产党入党志愿书，入党申请书（1—2份全面系统的）和转正申请书，中国共产党党员登记表，不予登记的决定、组织审批意见及所依据的材料；民主评议党员中形成的组织意见或党员登记表、认定为不合格党员被劝退或除名的主要事实依据材料和组织审批材料，退党材料，取消预备党员资格的组织意见；中国共产主义青年团入团志愿书、申请书，团员登记表、退团材料；加入民主党派的有关材料。

第七类　奖励（包括科技和业务奖励）材料：各种先进人物登记表、先进模范事迹、嘉奖、通报表扬等材料。

第八类　干部违犯党纪、政纪、国法等材料：处分决定（免予处分的处理意见），查证核实报告，上级批复，本人对处分的意见和检查、交代材料；通报批评材料；甄别、复查报告、决定，上级批复及本人意见；法院审判工作形成的判决书等。

第九类　干部工资级别登记表、职务工资变动登记表、干部调资审批表，定级和解决待遇的审批材料；干部任免呈报表（包括附件），录用和聘用审批表，聘用干部合同书，续聘审批表，解聘、辞退材料；退（离）休审批表；军衔审批表、军队转业干部审批表；出国、出境人员审批表；党代会、人代会、政协会议、工青妇等群众团体代表会、民主党派代表会代表登记表。

第十类　其他可供组织参考有保存价值的材料：有残疾的体检表、残废等级材料；干部逝世后报纸报道的消息或讣告，悼词（生平），非正常死亡的调查报告及有关情况的遗书等。

第十三条　干部档案副本内容，是由正本中以下类别主要材料的重复件或复制件构成：

第一类的近期履历材料。

第三类的主要鉴定、干部考核材料。

第四类的学历、学位，评聘专业技术职务的材料。

第五类的政治历史情况的审查结论（包括甄别、复查结论）材料。

第七类的奖励材料。

第八类的处分决定（包括甄别、复查结论）材料。

第九类的任免呈报表和工资、待遇的审批材料。

其他类别多余的重要材料，也可归入副本。

第十四条　内容交叉的材料，可根据材料的主要内容或用途确定类别。

（一）带自传的履历或简历表，以自传为主，归第二类。

（二）履历表和简历表有鉴定的，以履历为主，归第一类。

（三）有任免职务内容的干部登记表、任免呈报表所附的考察材料或主要表现情况的综合材料、提升工资级别的评级、评定军衔的鉴定表等材料，以其主要用途为主，归第九类。

（四）政治历史问题与违纪错误混同一起给予处分的结论、调查报告、处分决定等材料，一律归第八类；凡未给予处分，以政治历史问题为主的，归第五类，以违纪错误为主的，归第八类。

第五章　档案材料的排序与编目

第十五条　每类干部档案材料，都要根据材料内容的内在联系和材料之间的衔接或材料的形成时间排列顺序，并在每份材料的右上角编上类号和顺序号，在其右下角编写页数。

第十六条　档案材料排序的基本方式：

（一）按档案材料形成时间排序的：第一类、第二类、第三类、第四类、第七类、第十类材料。

（二）按档案材料内容的主次关系进行排序的：第五类、第六类、第八类材料。其中，第五类、第八类材料的排列顺序为：上级批复，结论或处分决定，本人对结论或处分决定的意见，调查报告，证明材料，本人检讨或交代材料等，其证明材料应根据每份材料所证明的主要问题相应集中排列。第六类材料，入团志愿书应排在入团的其他材料之前；入党志愿书应排在入党的其他材料之前，党员登记表等可按时间先后依次排序。

（三）第九类材料可根据不同层次干部的档案材料情况，采用按时间顺序或按材料性质相对集中排序。按材料性质相对集中排序的方法是：① 工资情况的材料；② 任免材料；③ 出国、出境材料；④ 其他材料。每种材料再根据形成材料的时间顺序排列。

第十七条　每卷干部档案必须有详细的档案材料目录。目录是查阅档案内容的索引，要认真进行编写。具体要求：

（一）按照类别排列顺序及档案材料目录格式，逐份逐项地进行填写。

（二）根据材料题目填写"材料名称"。无题目的材料，应拟定题目。材料的题目过长，可适当简化。拟定或简化题目，必须确切反映材料的主要内容或性质特点。凡原材料题目不符合实际内容的，须另行拟定题目或在目录上加以注明。

（三）"材料形成时间"，一般采用材料落款标明的最后时间。复制的档案材料，采用原材料形成时间。

（四）填写"材料份数"，以每份完整的材料为一份（包括附件）；材料页数的计算，采用图书编页法，每面为一页，印有页码的材料、表格，应如数填写。

（五）书写目录要工整，正确清楚、美观，不得使用圆珠笔、铅笔、红色及纯蓝墨水书写目录。填写目录后，要检查核对，做到准确无误。

（六）书写目录时，每类目录之后，须留出适量的空格，供补充档案材料时使用。

第六章　复制与技术加工

第十八条　档案材料载体变质或字迹退色不清时，须进行抢救。抢救材料一般可采用修复、打印、抄写、复印等方法。凡打印、抄写的材料，必须认真细致、核对无误，注明复制单位和日期。

第十九条　建立档案副本的材料不够时，可选择正本中的材料进行复制，将复制件存副本，其原件必须存入正本。

第二十条　为便于装订、保管和利用，延长档案材料的寿命，对一些纸张不规则、破损、卷角、折皱的材料，应进行技术加工。其主要方法：

（一）对超出 16 开规格的档案材料，在不影响材料的完整和不损伤字迹的条件下，可酌情进行剪裁；不能剪裁的材料，须进行折叠。折叠时，要根据材料的具体情况，采用横折叠、竖折叠、横竖交叉或梯形折叠等办法。折叠后的档案材料，要保持整个案卷的平整，文字、照片不得损坏，便于展开阅读。

（二）对破损、卷角、折皱和小于 16 开规格的档案材料，要进行裱糊。主要方法有单面裱糊、夹面裱糊、开窗裱糊、鱼鳞或梯形托裱、胶纸粘贴等。裱糊用的衬纸，必须采用白纸。浆糊和胶水必须能防虫蚀、不腐蚀纸张。裱糊后的档案材料要晾干，不得在阳光下暴晒或使用高温烫烤。

（三）对过窄或破损未空出装订线的档案材料，须进行加边。打眼装订，不得压字和损伤材料内容。

（四）拆除档案材料上的大头针、曲别针、订书钉等金属品，以防止氧化锈毁材料。

第七章　装订与验收入库

第二十一条　每个干部的档案材料，必须装订成卷。装订后的档案，目录在卷首，材料排列顺序与目录相符；卷面整洁，全卷整齐、平坦，装订结实实用，具体做法：

（一）将目录与材料核对无误。

（二）把全卷材料理齐。材料条件好的，应做到四面整齐；条件较差的，以装订线一边和下边两面为齐。

（三）在材料左侧竖直打上统一的装订孔。孔距规格应符合《条例》附件一的规定。

（四）一律使用《条例》附件一规定的标准干部档案卷皮。档案卷皮须书写档案人的姓名、籍贯、档案号。书写姓名不得用同音字或不规范的简化字。

第二十二条　干部档案整理装订成卷后，必须进行认真细致的检查，经验收合格后，方能入库。

第八章　整理工作的注意事项

第二十三条　干部档案整理工作人员必须认真贯彻执行《中华人民共和国档案法》《中华人民共和国保守国家秘密法》和干部档案工作的有关规定，严格遵守安全保密制度，保守党和国家的秘密。

（一）在整理档案时，严禁吸烟，以确保档案的安全。

（二）不得私自涂改、抽取或伪造档案材料。

（三）不得擅自处理或销毁档案材料。整理中按规定剔出的档案材料，须进行登记，经主管领导审查批准后分别情况予以处理。

（四）在整理档案过程中，要加强对档案材料的管理，防止丢失档案材料和泄露干部档案。

第九章　附　　则

第二十四条　本细则由中央组织部干部档案工作部门负责解释。

附录3 流动人员人事档案管理暂行规定

(人发〔1996〕118号)

第一章 总 则

第一条 为进一步加强流动人员人事档案的管理,维护人事档案的真实性、严肃性,完善人才流动社会化服务体系,促进人才合理流动,根据《中华人民共和国档案法》《干部档案工作条例》及有关法律、法规,制定本规定。

第二条 本规定所称流动人员人事档案是指:

(一)辞职或被辞退的机关工作人员、企事业单位专业技术人员和管理人员的人事档案;

(二)与用人单位解除劳动合同或聘用合同的专业技术人员和管理人员的人事档案;

(三)待业的大中专毕业生的人事档案;

(四)自费出国留学人员的人事档案;

(五)外商投资企业、乡镇企业、区街企业、民营科技企业、私营企业等非国有企业聘用的专业技术人员和管理人员的人事档案;

(六)外国企业常驻代表机构的中方雇员的人事档案;

(七)其他流动人员的人事档案。

第三条 流动人员人事档案管理遵循"集中统一,归口管理"的原则,接受同级党委组织部门、政府人事行政部门的监督和指导。

第二章 流动人员人事档案管理机构

第四条 流动人员人事档案管理机构为县以上(含县)党委组织部门和政府人事行政部门所属的人才流动服务机构(以下简称人才流动服务机构),其他任何单位不得擅自管理流动人员人事档案;严禁个人保管他人人事档案。

第五条 跨地区流动的流动人员人事档案,可由其户籍所在地的人才流动服务机构管理,也可由其现工作单位所在地的人才流动服务机构管理。

第六条 尚未建立人才流动服务机构的地区,流动人员人事档案仍由原人事档案管理单位管理。

第七条 人才流动服务机构认真做好流动人员人事档案的收集、整理、保管、利用、转递等管理工作,认真做好与流动人员人事档案管理有关的流动人员身份认定、档案工资记载、出国(出境)政审工作,经授权做好相关的职称资格考评、合同鉴证、社会保险等社会化服务工作。

第三章 流动人员人事档案的转递

第八条 人才流动服务机构凭符合国家有关政策规定的人员流动的有效文书,向流动人员原单位开具调档函,原单位接到调档函十五天内,将流动人员人事档案随档案转递通知单转交人才流动服务机构。转递的流动人员人事档案必须完整、齐全,不得扣留材料或分批转出。人才流动服务机构经审核无误后,及时将档案转递通知单回执退回原单位。人才流动服务机构发现转来的档案材料不齐全或不清楚的,应要求原单位补齐或查清楚。

第九条　流动人员人事档案转递,应通过机要交通或派专人送取,不得邮寄或交流动人员本人自带。对流动人员本人自带的人事档案,人才流动服务机构不得接收。

第十条　人才流动服务机构接管流动人员人事档案,须由流动人员或其现所在单位办理委托存档手续。人才流动服务机构应与流动人员或其现所在单位签订档案管理合同书,合同书须明确双方的权利、义务等内容。

第十一条　人才流动服务机构开具的转档手续,与机关、国有企事业单位开具的转档手续具有相同效力。机关、国有企事业单位必须凭人才流动服务机构开具的转档手续,方可接收流动人员人事档案。

第四章　流动人员人事档案的收集、整理与利用

第十二条　人才流动服务机构应加强与流动人员及其现所在工作单位的联系,做好流动人员档案材料的收集工作,不断充实流动人员人事档案的内容。收集的材料,必须经过认真的鉴别。需经单位盖章或本人签字的,签字盖章后方能归入档案。

第十三条　人才流动服务机构应按照干部档案整理工作的有关规定,认真做好流动人员档案材料的整理工作。在整理档案过程中,要防止丢失档案材料和擅自泄露档案内容,不得擅自涂改、抽取、销毁或伪造流动人员人事档案材料。

第十四条　人才流动服务机构应按照《干部档案工作条例》中的有关规定,建立健全流动人员人事档案查阅、借阅工作制度和注意事项。

（一）查阅流动人员人事档案应办理审批手续。查阅单位应申明查阅理由,管档单位根据规定和需要确定需要提供的档案材料。

（二）查阅单位应派中共党员到人才流动服务机构查阅流动人员人事档案。对于不符合规定条件的,人才流动服务机构可根据实际情况向查阅单位介绍被查阅人的有关情况。

（三）人才流动服务机构对高级专业技术人员和涉及国家秘密的流动人员人事档案要严格保管,严格查阅手续。

（四）任何个人不得查阅或借用本人及其直系亲属的档案。

（五）查阅档案必须严格遵守保密规定和阅档手续,严禁涂改、圈划、抽取、撤换档案材料,查阅者不得泄露或擅自向外公布档案内容。

第五章　流动人员人事档案的保管

第十五条　人才流动服务机构应具备管理流动人员人事档案的物质条件,建立坚固的防火、防潮的专用档案库房,配备铁质的档案柜;经常检查库房的防火、防潮、防蛀、防盗、防光、防高温等设施和安全措施;档案库房、阅档室和档案人员办公室应"三室"分开。要不断研究和改进档案的保管方法和保护技术,逐步实现档案管理的现代化。

第十六条　建立健全流动人员人事档案管理的内部规章制度,加强流动人员人事档案工作的政策研究和理论研究,实行目标管理,不断提高流动人员人事档案管理的效率和质量。

第十七条　流动人员人事档案管理应由专人负责。档案管理人员必须是党性强、作风正、忠于职守、具有一定的档案管理专业知识的共产党员。

第六章　监督与处罚

第十八条　对违反本规定有下列情形的,由党委组织部门和政府人事行政部门会同有关部门进行处理:

(一)擅自管理流动人员人事档案的单位或个人;

(二)擅自涂改档案内容或伪造档案材料的;

(三)擅自向外公布、泄露档案内容的;

(四)在流动人员人事档案的收集、整理、保管、利用、转递等管理工作中,出现违反本规定行为,造成严重后果的。

对前款所列情形负有责任的单位或直接责任者,要视情节轻重,给予批评教育或党纪、政纪处分;触犯法律的,要依法追究责任。

第七章　附　　则

第十九条　人才流动服务机构管理流动人员人事档案,应本着"服务为主,适当收费"的原则,按照有关规定收取服务费,但不得以赢利为目的。

第二十条　各省、自治区、直辖市可根据本规定制定实施办法或工作细则,并报人事部备案。

第二十一条　本规定由人事部负责解释。

第二十二条　本规定自颁布之日起施行。中共中央组织部、人事部《关于加强流动人员人事档案管理工作的通知》(人调发〔1988〕5号)和《关于进一步加强流动人员人事档案管理的补充通知》(人调发〔1989〕11号)同时废止。

附录4　干部人事档案工作目标管理暂行办法

(组通字〔1996〕55号)

为了进一步加强干部人事档案工作,努力实现2000年干部人事档案工作目标,全面推行干部人事档案制度化、规范化、科学化管理,更好地为干部人事工作、人事决策工作和社会主义现代化建设服务,经研究决定,在全国实行干部人事档案工作目标管理。

一、指导思想

以邓小平建设有中国特色社会主义理论和党的基本路线主指导,以《干部档案工作条例》《干部档案整理工作细则》和《干部人事档案材料收集归档规定》及有关文件为依据,立足收集整理,狠抓基础建设,提高管理水平,确保提供利用。通过在全国范围内实行干部人事档案工作目标管理,把全国干部人事档案工作提高到一个新的水平。

二、参加范围与考评内容

1. 参加范围:县处级以上(含县处级)及管理干部人事档案在500卷以上的机关、事业单位干部人事档案管理部门。企业及其他管档单位原则上也按本《办法》执行。

2. 考评内容:干部人事档案工作的组织领导;队伍建设;管理体制与范围;干部人事档案材料收集与鉴别;材料归档与整理;保管与保护;提供利用与转递;制度建设和宏观业务指导。

三、等级划分与审批权限

1. 等级划分:干部人事档案工作目标管理考评准分为一级、二级、三级三个等级。一级标准总分为100分,达标分为95分以上;二级标准总分为90分,达标分为85分以上;三级标准总分为85分,达标分为80分以上。有宏观业务指导任务的部门和单位,一级标准总分为110分,达标分为105分以上;二级标准总分为99分,达标分为94分以上;三级标准总分为92分,达标分为87分以上。

2. 审批权限:各省、自治区、直辖市党委组织部和中央国家机关各部门的干部人事档案工作的等级,由中央组织部审批,并颁发证书,其他参加干部人事档案工作目标管理的单位,由各省、自治区、直辖市党委组织部和中央国家机关干部(人事)部门审批,并代表中央组织部颁发等级证书。

四、评审程序与晋级时限

1. 评审程序

(1) 自查申报:申报干部人事档案工作等级的单位,在自查和评估的基础上向负责审批的主管部门写出申请评定等级的报告,并填写《干部人事档案工作目标管理等级申报审批表》一式三份,经主管单位审核后上报。

(2) 组织考评:负责审批的主管部门,应成立考核领导小组或考核委员会。在接到申报等级的书面报告后,由考核领导小组或考核委员会依据《干部人事档案工作目标管理考评标准》(以下简称《考评标准》)进行考核验收。采取听取申报单位汇报、抽查档案、检查基础设施、查看有关资料、测试有关人员必备的知识等方法,并根据《考评标准》评判出分数。根据考核验收的有关情况,及时向申报单位反馈意见,指出存在的问题,提出改进意见,并写出验收的情况报告。

（3）评定审批：审批部门要坚持原则，实事求是，严格依据《考评标准》和考评小组验收的实际情况进行评审，并将评审结果正式通知申报单位。

2. 晋级时限：干部人事档案工作的目标管理人 1997 年 1 月起在全国实施。申报单位一般于每年第一季度向审批部门申报。各单位原则上首次只能申报三级，条件具备的单位也可以直接申报二级或一级。定级后，满 1 年方可申报晋升上一个等级。1999 年年底，凡属目标管理范围内的管档单位，均应申报等级。

五、组织领导

1. 加强领导：各地区、各部门要加强对干部人事档案目标管理工作的领导，把开展这项活动作为进一步加强干部人事档案工作的一项重要措施来抓。要结合地区、本部门、本单位的实际情况，制定工作规划，并认真组织实施。

2. 加强指导：各地区、各部门要认真履行宏观业务指导的责任，切实解决好实行目标管理过程中遇到的新情况、新问题，注意总结和推广论文选编，保证这项工作的顺利实施。

3. 督促检查：各地区、各部门要把干部人事档案目标管理工作作为组织干部人事部门的一项日常工作来抓，认真部署、分类指导、定期检查评比。对已评上等级的单位和部门，一般每 3 年复检一次，经复检，发现不符合等级标准的单位，降低或撤销其原定级别，并收回等级证书。对到 1999 年尚未申报或未达到等级的单位，视为干部人事档案工作不合格单位，通报批评，并限期申报等级。

4. 奖惩措施：各地区、各部门要把干部人事档案目标管理工作作为衡量干部人事工作以及测评主管领导工作成绩的标准之一，对达到一级的管档单位，要对主管领导和档案管理干部给予适当奖励。干部人事档案目标管理工作不合格的单位不能评为档案工作先进单位，主管领导和档案管理干部的年度考核不能评为优秀。

今后，各地区、各部门干部人事档案工作目标管理的考评，一律按《干部人事档案工作目标管理考评标准》进行。未尽事宜，由中央组织部干部调配局负责解释。

附录5 干部人事档案工作目标管理考评标准

（组通字〔1996〕55号）

三级标准（总分：92分）

一、组织领导（5分）

1. 干部人事档案工作列入组织干部人事部门议事日程，对干部人事档案工作的业务建设、机构设置、人员配备、库房建设、所需经费等问题给予解决。（1.5分）

2. 本单位有一名领导分管干部人事档案工作，了解有关干部人事档案工作文件精神，定期听取工作汇报，提出任务和要求。（1分）

3. 干部人事档案管理部门认真履行十项职责；制定了年度计划并认真实施。建立健全了八项制度：查（借）阅制度、收集制度、鉴别归档制度、转递制度、检查核对制度、保管保密制度、管理人员职责和送交档案材料归档工作制度。（1分）

4. 关心干部人事档案管理干部的工作、学习和生活，按规定评定专业技术职务（资格），切实解决职级待遇，对工作成绩突出者给予奖励。（1.5分）

二、管理体制与范围（4分）

1. 干部人事档案工作隶属于组织干部人事部门领导，接受上级有关部门的监督、检查和指导。（1分）

2. 县以下机关、单位的干部人事档案由县级党委组织部和人事、教育、卫生等部门相对集中管理；不具备保管条件的单位，其档案由上一级主管部门代管。（1分）

3. 按照干部人事档案管理权限，干部人事档案正本由干部主管部门保管，副本由干部协管部门保管。（1分）

4. 干部人事档案管理干部及其在本级管理范围内的直系亲属的档案，指定有关部门专人保管。（1分）

三、队伍建设（6分）

1. 省、自治区、直辖市党委组织部至少配备3名专职干部；其他管档单位管理档案在2 000卷以上的，要配备2名专职干部；管理档案1 000—2 000卷或管理1 000卷以内，且宏观指导任务比较重的单位至少要配备1名专职干部。兼职人员要以主要精力从事干部人事档案工作。（3分）

2. 干部人事档案管理干部必须是中共党员，并具有中专（高中）以上学历，熟悉掌握了档案材料的收集、鉴别、归档、整理、提供利用以及档案的保管、保护知识和技能。胜任本职工作。（0.5分）

3. 干部人事档案管理专职干部相对稳定，做到先培训后上岗。（1分）

4. 干部人事档案管理干部参加县以上组织干部人事部门举办的业务培训班，1991年以来，累计时间二周以上。（1分）

5. 干部人事档案管理干部坚持原则、严守纪律、遵守制度、保守秘密。（0.5分）

四、收集与鉴别（21分）

1. 按照《干部人事档案材料收集归档规定》的收集范围及时收集干部人事档案材料,其中:1990年以来干部任免材料(包括考察材料)和评聘专业技术职务材料齐全;1985年工资改革以来的各种工资材料齐全;入党入团志愿书、党员登记表;1988年以后填写的干部履历表和公务员过渡表以及公务员年度考核登记表齐全。(14分)

  2. 对收集归档的材料鉴别准确,手续完备。其中,由组织上形成的材料应有形成材料的时间、组织印章;个人撰写的材料应有形成时间、本人签字。(5分)

  3. 对不属于归档的材料,及时转递或按有关规定销毁。(2分)

五、归档与整理(24)

  1. 归档及时。对收集的干部人事档案材料在半个月内归入档案袋(盒)内,每年装订入卷归档一次。(5分)

  2. 分类准确。按照《干部档案整理工作细则》的要求进行分类。(4分)

  3. 档案材料排列有序,层次清楚。(2分)

  4. 加工合理。对破损、卷角、折皱和大于或小于16开的材料,进行裱糊、压平、折叠和裁剪;档案材料应包边(加边),并拆除档案材料上的金属物。(4分)

  5. 目录清楚,字迹工整,无粘贴涂改,材料与目录相符,材料形成时间填写无误,材料份数和页码计算准确。(5分)

  6. 装订整齐,档案材料装订后,表面平整,无脱页漏装,无损坏文字的材料。(3分)

  7. 干部档案袋、卷皮、目录纸等用品符合《干部档案工作条例》的要求。(1分)

  (注:负有宏观业务指导任务的部门和单位,在"归档与整理"这一项上,对下级单位报送的档案案卷质量,有"5分"的评审权)

六、保管与保护(16分)

  1. 每管理1 000人的档案,库房面积不少于20平方米,档案库房、阅档室、办公室分开,即"三室"分开;管理1 000人以内的档案,设专用库房,阅档室和办公室合一,即"二室"分开。(6分)

  2. 配置铁质档案柜保管干部人事档案(使用木质档案柜保管干部人事档案不能申报等级)。(2分)

  3. 干部人事档案库房"六防"设施基本得到落实,配有防盗门窗、灭火器、温湿度表、电风扇或排气扇、防腐防虫物品。(6分)

  4. 配有切纸打孔机、缝纫机。(2分)

七、利用与转递(9分)

  1. 干部人事档案利用范围符合规定,审批手续齐全,借阅档案时间一般不超过15天。(3分)

  2. 未配置计算机的单位,要建立干部卡片;配置了计算机的单位,要将干部信息录入计算机。卡片或录入计算机里面的信息内容翔实、准确,适应干部人事工作的需要。(2分)

  3. 干部职务、工资变动时,及时续填干部卡片、职务变动和工资变动登记表,或将变动的信息录入计算机。(1分)

  4. 转递干部人事档案须填写干部人事档案转递通知单,并通过机要交通转递或派人送取。(1分)

  5. 转出的干部人事档案,材料齐全,符合整理要求,无零散材料。(1分)

6. 干部调动、职务变动或改变主管单位需转递档案的,其档案一般在 15 天内转出。(0.5 分)

7. 及时退回接收干部人事档案回执。(0.5 分)

八、宏观指导(7 分)

1. 本地区、本部门的干部人事档案管理体制符合规定。(1 分)

2. 认真履行业务指导、监督和检查职责,适时布置任务,提出要求,并解决实际问题。(1 分)

3. 根据本地区、本系统的实际情况,定期或不定期举办干部人事档案业务培训班。(5 分)

二级标准(总分:99 分)

一、组织领导(1 分)

在三级标准的基础上,还须具备下列条件:

1. 组织干部人事部门定期研究、部署干部人事档案工作,做到有计划、有布置、有检查、有落实。(0.5 分)

2. 分管领导档案意识强,认真履行职责,切实解决干部人事档案工作中的实际问题。(0.5 分)

二、管理体制与范围

二级标准与三级标准相同。

三、队伍建设(1 分)

在三级标准的基础上,还须具备下列条件:

干部人事档案管理干部能积极主动地研究探讨干部人事档案工作中的新情况、新问题。并定期向上级主管部门请示报告工作。(1 分)

四、收集与鉴别(1 分)

在三级标准的基础上,还须具备下列条件:

建立了干部人事档案材料形成部门与管档单位的联系制度、收集网络。(1 分)

五、归档与整理

二级标准同三级标准。

六、保管与保护(2 分)

在三级标准的基础上,还须具备下列条件:

1. 配置了计算机、空调机、去湿机或加湿机。(1 分)

2. 使用中组部推荐的新型档案卷夹。(1 分)

七、利用与转递

二级标准与三级标准相同。

八、宏观指导(2 分)

在三级标准的基础上,还须具备下列条件:

1. 制定了本地区、本系统干部人事档案工作年度计划及 5 年发展规划,目标明确,切实可行,并认真组织实施。(1 分)

2. 本地区、本系统参加目标管理的单位干部人事档案工作达到三级以上标准的占 50%

左右,其中,二级标准占10%左右。(1分)

一级标准(总分:110分)

一、组织领导(3分)

在二级标准的基础上,还须具备下列条件:

1. 组织干部人事部门制定了干部人事档案工作五年规划和实施方案,并认真组织实施。(2分)

2. 干部人事档案工作所需经费列入财政(财务)计划,保证落实。(1分)

二、管理体制与范围(1分)

在二级标准的基础上,还须具备下列条件:

建立了干部人事档案工作专门机构。(1分)

三、队伍建设(1分)

在二级标准的基础上,还须具备下列条件:

1. 干部人事档案管理干部掌握计算机基本知识,并能熟练地操作。(0.5分)

2. 干部人事档案管理干部每年在地级以上报刊上发表一篇有关干部人事档案工作方面的报道或理论文章。(0.5分)

四、收集与鉴别

一级标准同二级标准。

五、归档与管理

一级标准同二级、三级标准。

六、保管与保护(3分)

在二级标准的基础上,还须具备下列条件:

1. 省、自治区、直辖市党委组织部,做到"四室"(库房、阅档室、办公室、微机室)分开;其他管档单位做到"三室"(库房、阅档室、办公室)分开。(2分)

2. 配置了复印机、照相机、红紫外线扫描消毒器和档案微波灭菌杀虫机。(1分)

七、利用与转递(2分)

在二级标准的基础上,还须具备下列条件:

1. 运用计算机管理干部人事档案,建立干部人事档案信息库,所管干部人事档案的有关信息全部录入计算机;档案信息查询、检索迅速准确。(1分)

2. 利用干部人事档案信息数据对干部队伍进行综合分析,为领导提供信息和决策依据。(1分)

八、宏观指导(1分)

在二级标准的基础上,还须具备下列条件:

1. 本地区、本系统干部人事档案工作人员培训率达80%左右。(0.5分)

2. 本地区、本系统参加目标管理单位的干部人事档案工作达到三级以上标准的占60%左右,其中,二级标准占20%左右,一级标准占10%左右。(0.5分)

附录6 干部人事档案工作目标管理检查验收细则

(组通字〔1998〕13号)

为确保全国干部人事档案工作目标管理考评工作的质量,根据《干部人事档案工作目标管理暂行办法》和《干部人事档案工作目标管理考评标准》(组通〔1996〕55号)的要求,特制定本细则。

一、检查验收的组织形式

1. 各省、自治区、直辖市党委组织部和中央国家机关各部委申报干部人事档案工作目标管理的等级,由中央组织部组成检查验收小组直接进行检查验收。

2. 其他申报干部人事档案工作目标管理等级的单位,采取下列方式进行检查验收:

① 申报干部人事档案工作目标管理一级标准的单位,由省、自治区、直辖市党委组织部和中央国家机关有关部委干部人事部门组成检查验收小组进行检查验收。

② 申报干部人事档案工作目标管理二级、三级标准的单位,由省、自治区、直辖市党委组织部和中央国家机关有关部委干部人事部门组成验收小组,或委托下一级组织干部人事部门组成检查验收小组进行检查验收。

3. 检查验收小组一般由3—5人组成。组成人员主要是各级组织干部人事部门干部人事档案工作的负责同志及所属单位干部人事档案业务骨干,根据需要也可以吸收同级档案部门工作人员参加。

4. 各地区、各部门根据申报等级单位的数量,可组成若干检查验收小组进行检查验收。

二、申报等级的材料和时间

申报干部人事档案工作目标管理等级的单位,在自查和评估的基础上,应向负责审批的主管部门申报以下材料:

1. 申请评定等级的报告。主要内容包括:

(1) 基本情况(如成立档案工作机构的时间、保管干部人事档案数量、档案管理人员的数量、档案室管理设备的情况等);

(2) 组织领导、管理体制、制度建设和队伍建设情况;

(3) 档案材料的收集、整理、保管和利用情况;

(4) 宏观业务指导情况。

2. 填写《干部人事档案工作目标管理等级申报审批表》(以下简称《审批表》)。《审批表》一式三份,表中所列各项要填写清楚,"申报单位自检意见"一栏要简写。

3. 申报单位一般于每年第一季度向审批部门申报等级,各单位原则上首次只能申报三级,个别条件具备的单位也可直接申报二级或一级,但具有宏观业务指导任务的单位,在下属管档单位没有达到规定的等级比例以前,原则上不得申报一级。定级后,满一年方可再申报晋升上一个等级。

三、检查验收工作程序

负责审批的主管部门,接到申报单位报送的材料后,工作程序如下:

1. 对申报单位的《审批表》和申请评定等级的报告进行审核。对《审批表》所列项目填写不正确,申请评定等级的报告内容不齐全的,退回原单位,重新填写申报。

2. 制定检查验收工作计划,将检查验收日期通知申报单位。

3. 组成检查验收小组,并进行认真的培训学习。

4. 检查验收的具体步骤:

(1) 听取全面汇报。听取申报单位干部人事档案工作负责同志关于实施干部人事档案工作目标管理情况的全面汇报。

(2) 查看有关资料和基础设施建设。看档案室内文件夹资料、规章制度、簿册表格等是否健全;"六防"措施是否落实;所申报等级必备的设备是否齐全;干部人事档案管理工作中使用计算机的情况等。

(3) 抽查档案。500—1 000 卷的抽查 10 卷,1 000—1 500 卷的抽查 15 卷,1 500 卷以上的抽查 20 卷。抽查档案要看材料收集是否齐全、鉴别分类是否准确、编排是否有序、目录是否清楚、装订是否整齐等。

(4) 反馈意见。检查验收小组在检查验收结束后经过小组评议,及时向申报单位反馈意见,指出存在的问题,提出改进工作的具体意见。

(5) 评定审批。负责审批的主管部门在严格依据《干部人事档案工作目标管理考评标准》和检查验收小组情况报告的基础上进行评审,审批结果以文件的形式下达。各省、自治区、直辖市和中央国家机关各部委批准的目标管理一级单位,须抄报中央组织部备案,并代中央组织部颁发等级证书(目标管理二级、三级单位的等级证书,由省、自治区、直辖市和中央国家机关各部委颁发)。

四、检查验收应注意问题

1. 要突出重点检查项目。检查验收小组在检查过程中,对以下项目应重点检查:队伍建设、制度建设、收集与鉴别、归档与整理、保管与保护、利用与转递。

2. 严格按照所申报的等级进行检查验收。在检查验收过程中要严格按照所申报的等级逐项逐条进行检查打分,总分达不到申报等级规定的分数,不能定级,更不能下降到所申报等级的下一个级别(如申报一级,不能因为检查未达到规定的分数而降到二级)。

五、几点要求

1. 各级检查验收小组成员要认真学习有关文件,熟练掌握各项检查验收工作标准。

2. 检查验收工作必须严格按照《暂行办法》和《考评标准》执行,实事求是,公道正派,防止弄虚作假和走过场。

3. 检查验收小组必须认真履行职责,严格遵守组织纪律和廉政建设的有关规定,各申报单位要积极支持配合检查验收小组的工作。

4. 各级检查验收小组成员,不得参加本单位的检查验收。

附表　干部人事档案工作目标管理考核评分表

项目	序号	考评内容	考评方法	单项分	扣分			得分
					3级	2级	1级	
一、组织领导(9分)	1	干部人事档案工作列入组织干部人事部门议事日程,对干部人事档案工作的业务建设、机构设置、人员配备、库房建设等问题给予解决。	查看有关文件资料、领导讲话等,并听取汇报,考评组集体商定。	1.5				

(续表)

项目	序号	考评内容	考评方法	单项分	扣分 3级	扣分 2级	扣分 1级	得分
一、组织领导（9分）	2	本单位有一名领导分管干部人事档案工作，了解有关干部人事档案工作文件精神，定期听取工作汇报，提出任务和要求。	听汇报，查资料，不符合要求的扣0.5分。	1				
	3	关心档案管理干部工作、学习、生活，按规定评定专业技术职务（资格），切实解决职级待遇，对成绩突出者给予奖励。	听取汇报，查看资料，座谈了解，考评组集体商定。	1.5				
	4	干部人事档案管理部门认真履行十项职责；建立健全八项制度：查（借）阅制度、收集制度、鉴别归档制度、转递制度、检查核对制度、保管保密制度、管理人员职责、送交档案材料归档工作制度。	实地检查，听取汇报，建立制度，无任何违章及责任事故，得1分。制度内容不全，每缺一项，扣0.1分。	1				
	5	组织干部人事部门定期研究、部署干部人事档案工作，做到有计划、有布置、有检查、有落实。	听汇报，查资料，得到落实的，得0.5分。否则，不得分。	0.5	—			
	6	分管领导档案意识强，认真履行职责，切实解决干部人事档案工作中的实际问题。	听汇报，查资料，考评组集体商定。	0.5	—			
	7	组织干部人事部门制定了干部人事档案工作近期或远期规划和实施方案，并认真组织实施。	听汇报，查资料，制定工作规划实施方案，得1分；认真组织实施，得1分。否则，不得分。	2	—	—		
	8	干部人事档案工作所需经费列入财政（财务）计划，保证落实。	未列入计划的，扣1分。	1	—	—		
二、管理体制与范围（5分）	9	干部人事档案工作隶属于组织干部人事部门领导，接受上级有关部门监督、检查和指导。	听取汇报，符合要求，得1分。否则，不得分。	1				
	10	县以下机关、单位的干部人事档案由县级党委组织部和人事、教育、卫生等部门相对集中管理；不具备保管条件的单位，其档案由上一级主管部门代管。	实地查看名册、索引，符合标准，得1分。否则，不得分。	1				
	11	干部人事档案正本由干部主管部门保管，副本由干部协管部门保管。	查档案，符合标准，得1分。否则，不得分。	1				

(续表)

项目	序号	考评内容	考评方法	单项分	扣分 3级	扣分 2级	扣分 1级	得分
二、管理体制与范围(5分)	12	档案管理干部及其在本级管理范围内的直系亲属的档案,指定有关部门专人保管。	查名册、索引、调阅管理人员档案,有一项不符合规定的,不得分。	1				
	13	建立了干部人事档案工作专门机构。	建立专门机构或其管档机构设在组织、干部(人事)部门,视为有工作机构。否则,不得分。	1	—	—		
三、收集与鉴别(22分)	14	按照《干部人事档案材料收集归档规定》的收集范围,及时收集干部人事档案材料。	抽查档案,根据档案中的情况进行综合评分。抽档方法为:管理500—1 000卷的抽10卷;管理1 000—1 500卷的抽15卷;管理1 500卷以上的抽20卷。评分方法为:通过查看档案,将发现的问题以卷为扣分单位,按《收集与鉴别评分过渡表》中所列的分值进行扣分,最后计算出总得分。	2				
	15	1990年以来干部任免材料(包括考察材料)和评聘专业技术职务(资格)材料收集齐全。		3				
	16	1993年以来的各种工资材料齐全。		3				
	17	入党入团志愿书、党员登记表齐全。		3				
	18	1988年以后填写的干部履历表和年度考核登记表齐全。		3				
	19	对收集归档的材料鉴别准确,手续完备。其中,由组织上形成的材料应有材料形成的时间、组织印章;个人撰写的材料应有形成时间、本人签字。		5				
	20	对不属于归档的材料,及时转递或按有关规定销毁。	查资料,符合标准的,得2分。有一卷不符合标准,扣0.2分。	2				
	21	建立干部人事档案材料收集归档联系制度、收集网络。	实际检查,符合标准,得1分。少一项,扣0.5分。	1	—			

（续表）

项目	序号	考评内容	考评方法	单项分	扣分 3级	扣分 2级	扣分 1级	得分
四、归档与整理（24分）	22	归档及时。对收集的干部人事档案材料在一个月内归入档案袋（盒）内,每2年装订入卷归档一次。	抽查档案,根据档案中的情况进行综合评分。抽档方法为：管理500—1 000卷的抽10卷;管理1 000—1 500卷的抽15卷;管理1 500卷以上的抽20卷。评分方法为：通过查看档案,将发现的问题以卷为扣分单位,按《归档与整理评分过渡表》中所列的分值进行扣分,最后计算出总得分。注：负有宏观业务指导的部门和单位,在"归档与整理"这一项上,对下级单位报送的档案案卷质量,有"5分"的评审权。	5				
	23	分类准确。按照《干部档案整理工作细则》的要求进行分类。		4				
	24	档案材料排列有序,层次清楚。		2				
	25	加工合理。对破损、卷角、褶皱和大于或小于16开的材料,进行裱糊、压平、折叠和剪裁,并拆除档案材料上的金属物。		4				
	26	目录清楚,字迹工整,无粘贴涂改,材料与目录相符,材料形成时间填写无误,材料份数和页码计算准确。		5				
	27	装订整齐。档案材料装订后,表面平整、无脱页漏装、无损坏文字的材料。		3				
	28	干部档案袋、目录纸等用品符合《干部档案工作条例》的要求。		1				
五、保管与保护（21分）	29	管理1 000卷档案,库房面积不少于20平方米,档案库房、阅档室、办公室分开,即"三室"分开;管理1 000卷以内档案,设专用库房,阅档室和办公室合一,即"二室"分开。	实地查看。库房面积达不到标准的,扣2分;没有按标准实现"三室"或"二室"分开的,扣4分。	6				
	30	配置铁质档案柜保管干部人事档案（使用木质档案柜保管干部人事档案不能申报等级。）	实地查看。未全部使用铁质档案柜的,不得分。	2				
	31	干部档案库房"六防"措施基本得到落实,配有防盗门窗、灭火器、温湿度表、电风扇或排气扇、防腐防虫物品。	实地查看。"六防"措施落实,得4分,未配温湿度表的,扣1分,未配电风扇或排气扇,扣1分。	6				
	32	配置了切纸打孔机等设备。	实地查看。符合标准,得2分。	2				
	33	配置了空调机、去湿机或加湿器。	实地查看。该配置空调机、去湿机或加湿器而未配置的,各扣0.5分。	1	—			

(续表)

项目	序号	考评内容	考评方法	单项分	扣分 3级	扣分 2级	扣分 1级	得分
五 保管与保护（21分）	34	使用《条例》规定的档案卷夹。	使用《条例》规定的档案卷夹，得1分；使用新型卷夹，奖励1分。	1	—			
	35	省、自治区、直辖市党委组织部，做到"四室"分开（库房、阅档室、办公室、微机室）；其他管档单位做到"三室"分开（库房、阅档室、办公室）。	实地查看，达到标准，得2分；否则，不得分。	2	—			
	36	配置了复印机以及灭菌杀虫等设备。	配置复印机，得0.5分；灭菌杀虫设备，得0.5分。	1	—			
六 利用与转递（11分）	37	干部人事档案利用范围符合规定，审批手续齐全，借阅档案一般不超过15天。	查看有关簿册，有一项不符合规定的，扣1分。	3				
	38	未配置计算机的单位，要建立干部卡片；配置了计算机的单位，要将干部信息录入计算机。卡片或录入计算机的信息内容翔实、准确，适应干部人事工作的需要。	实地检查。建立干部卡片（名册、底账、检索工具）或将干部信息入计算机，得2分。否则，不得分。	2				
	39	干部职务、工资变动时，及时续填干部卡片，或将变动信息录入计算机。	实地查看。符合标准，得1分。	1				
	40	转递干部人事档案须填写干部人事档案转递通知单，并通过机要交通转递或派专人送取。	查看有关记录，不符合标准的，扣1分。	1				
	41	转出的干部人事档案，材料齐全，符合整理要求，无零散材料。	由上级主管部门根据执行情况打分。	1				
	42	干部调动、职务变动或改变主管单位需转递档的，档案管理部门接到通知后，其档案一般在15天内转出。	查看有关簿册，符合标准，得0.5分。否则，不得分。	0.5				
	43	及时退回接收干部人事档案回执。	实地检查。符合标准，得0.5分。否则，不得分。	0.5				
	44	干部人事档案管理工作中使用计算机，建立干部人事档案信息库，所管干部人事档案的有关信息全部录入计算机；档案信息查询、检索迅速准确。	开机检查。符合标准，得1分。否则，不得分。	1	—	—		
	45	利用干部人事档案信息数据对干部队伍进行综合分析，为领导提供信息和决策依据。	听汇报，查资料。上机演示，符合标准，得1分。否则，不得分。	1	—	—		

(续表)

项目	序号	考评内容	考评方法	单项分	扣分 3级	扣分 2级	扣分 1级	得分
七、队伍建设（8分）	46	按干部人事档案工作目标管理考评标准规定配齐档案管理人员。注①	听取汇报,未按考评标准配齐的,少1人扣1分。（省、自治区、直辖市党委组织部未按标准配齐的,不得分）。	3				
	47	档案管理干部必须是中共党员,并具有中专（高中）以上学历,熟练掌握档案材料的收集、鉴别、归档、整理、提供利用以及档案的保管保护知识和技能。	听汇报,查资料,符合标准,得0.5分。否则,不得分（有宏观指导任务的档案工作人员必须具有大专以上学历）。	0.5				
	48	档案管理专职干部相对稳定（3年以上）,做到先培训后上岗。	听取汇报,符合标准,得1分。否则,不得分。	1				
	49	档案管理干部参加县以上组织干部人事部门举办的业务培训班,自1991年以来累计时间2周以上。	听汇报,查资料,符合标准,得1分。否则,不得分。	1				
	50	档案管理干部坚持原则、严守纪律、遵守制度、保守秘密。	听取汇报,无任何违章、违纪及责任事故,得0.5分。否则,不得分。	0.5				
	51	档案管理干部能积极主动地研究探讨干部人事档案工作中的新情况、新问题。并定期向上级主管部门请示报告工作。	听汇报,查资料,符合标准,得1分。否则,不得分。	1	—			
	52	档案管理干部掌握计算机基本知识,并能熟练操作。	现场测试,考评组集体商定。	0.5	—	—		
	53	档案管理部门每2年在地级以上报刊发表一篇有关干部人事档案工作方面的报道或理论文章。	听汇报,查看有关报刊。未发表的,扣0.5分。	0.5	—	—		
八、宏观指导（10分）	54	本地区、本部门的干部人事档案管理体制符合规定。	听汇报,查资料。符合标准,得1分。否则,不得分。	1				
	55	认真履行业务指导、监督和检查职责,适时布置任务,提出要求,并解决实际问题。	听汇报,查资料。有一项未做到的,扣0.5分,扣完为止。	1				
	56	根据本地区、本系统的实际情况,定期或不定期举办干部人事档案业务培训班。（省、自治区、直辖市党委组织部,有业务指导任务的中央国家机关有关部委,每2年举办一次培训班）。	听汇报,查资料。达到标准的,得5分。未举办培训班的,扣5分。	5				

(续表)

项目	序号	考 评 内 容	考 评 方 法	单项分	扣 分 3级	扣 分 2级	扣 分 1级	得分
八、宏观指导（10分）	57	制定了本地区、本系统干部人事档案工作年度计划及5年发展规划，目标明确，切实可行，并认真组织实施。	查看有关资料。制定年度计划及5年发展规划的，得0.3分；认真组织实施的，得0.7分。否则，不得分。	1	—			
	58	本地区、本系统参加目标管理单位的干部人事档案工作达到三级以上标准的占50%左右，其中，二级标准占10%左右。	听汇报，查资料。本地区、本系统达三级以上标准的，达标率每减少10%扣0.2分，二级标准达标率每减少1%扣0.1分。	1	—			
	59	本地区、本系统干部人事档案工作人员培训率达80%左右。	听汇报，查资料。符合标准的，得0.5分。否则，不得分。	0.5	—	—	—	
	60	本地区、本系统参加目标管理单位的干部人事档案工作达到三级以上标准的占60%左右，其中，二级标准占20%左右，一级标准占10%左右。	听汇报，查资料。三级以上达标率每减少10%扣0.1分，二级标准达标率每减少5%扣0.1分，一级标准达标率每减少2%扣0.1分。	0.5	—	—	—	

注：① 省、自治区、直辖市党委组织部至少配备3名专职干部；其他管档单位管理档案在2 000卷以上的，要配备2名专职干部；管理档案1 000—2 000卷或管理1 000卷以内，有宏观指导任务的单位至少要配备1名专职干部。兼职人员要以主要精力从事干部人事档案工作。

无宏观指导任务的单位：

一级总分100分，达标分95以上；二级总分90分，达标分85以上；三级总分85分，达标分80以上。

有宏观指导任务的单位：

一级总分110分，达标分105以上；二级总分99分，达标分94以上；三级总分92分，达标分87以上。

附录7　北京市流动人员人事档案管理暂行办法

（京人发〔1997〕60号）

第一条　为进一步加强流动人员人事档案的管理，维护人事档案管理的严肃性，完善人才流动社会化服务体系，促进人才合理流动，根据中共中央组织部、人事部《流动人员人事档案管理暂行规定》（人发〔1996〕118号）及有关法律、法规，结合本市流动人员人事档案管理的具体情况，特制定本办法。

第二条　管理流动人员人事档案，须由市委组织部、市人事局根据集中统一、归口管理的原则审批，并接受同级党委组织部门、政府人事行政部门的监督和指导。

第三条　本市流动人员人事档案管理机构为市、区、县党委组织部门和政府人事行政部门所属的人才服务机构（以下简称人才服务机构）。其他任何单位未经授权均不得擅自管理流动人员人事档案；严禁个人保管他人档案或本人档案。

第四条　流动人员人事档案具体是指：

（一）辞职或被辞退的机关工作人员、企事业单位的专业技术人员和管理人员的人事档案；

（二）与用人单位解除劳动合同或聘用合同的专业技术人员和管理人员的人事档案；

（三）直接分配到非国有企业工作及待业的大中专毕业生的人事档案；

（四）自费出国留学及其他因私出国人员的人事档案；

（五）外商投资企业、乡镇企业、区街企业、民营科技企业、私营企业等非国有企业聘用的专业技术人员和管理人员的人事档案；

（六）外国企业常驻代表机构的中方雇员的人事档案；

（七）受国有企事业单位委托管理的人事档案；

（八）其他流动人员的人事档案。

第五条　跨地区流动人员的人事档案管理

（一）北京地区用人单位聘用外省市人员的人事档案，原则上由其户籍所在地的人才服务机构管理，特殊情况也可由我市的人才服务机构管理。北京地区用人单位结束聘用关系时，其人事档案不能在北京地区范围内调转，由人才服务机构将其人事档案转往户籍所在地的人才服务机构。

（二）由北京地区流动到外省市人员的人事档案

1. 凡持外省市县级以上政府人事行政部门所属人才服务机构出具的调函，我市人才服务机构可为其办理转档手续和人事关系转移手续。

2. 本市流动人员结束在外省市聘用关系后，由我市人才服务机构向外省市人才服务机构出具调函，可将其人事档案关系转回北京市。

第六条　人才服务机构接管流动人员人事档案，须由流动人员或其现所在单位办理委托存档手续。人才服务机构应与流动人员或其现所在单位签订档案管理合同书，合同书须明确双方的权益、义务等内容。

第七条　人才服务机构保管流动人员人事档案期间，负责身份认定、档案工资记载、出国(出境)政审工作,经授权做好相关的职称资格考评、合同鉴证、社会保险等社会化服务工作。

转入人才服务机构管理人员人事档案的各类人员,有聘用单位的,由聘用单位出具有关证明后,保留原工作身份、工龄连续计算;没有聘用单位,暂时待业的人员,保留原工作身份,待业前后的工龄累计计算。存档期间参加社会养老统筹的人员,按有关规定计算缴费年限。

第八条　人才服务机构接收流动人员人事档案,使用北京市统一的"北京市人才流动商调函"。对所接收的流动人员人事档案,要认真审核,材料齐全无误后,办理保管手续。对转来的人事档案,材料不齐全或不清楚的,应要求原单位补齐或查清楚。各单位转移档案,必须完整齐全,不得扣留材料或分批转出。

第九条　人才服务机构使用统一格式的"北京市人才流动行政、工资介绍信"和"北京市流动人员人事档案转递通知单",为存档的流动人员办理转出手续。开具的转档手续与国家机关、国有企事业单位开具的转档手续具有相同效力。机关、国有企事业单位必须凭人才服务机构开具的转档手续,方可接收流动人员人事档案。

第十条　流动人员人事档案的转递应通过机要交通或派专人送取,不得邮寄或交流动人员本人自带。对于个人携带档案的,档案管理部门应拒绝接收,对违反转递规定,造成档案丢失或发生抽取、更换档案材料的问题,要追究相对人和有关管理人员的责任。

第十一条　人才服务机构应加强与流动人员及其现所在单位的联系,做好流动人员档案材料的收集工作,不断充实流动人员人事档案的内容。收集的材料主要包括:

(一)履历表;

(二)大中专毕业生统一分配派遣证及见习期转正定级的考核定级材料;

(三)每年度的考核表;

(四)专业技术职称资格变更材料;

(五)婚姻状况变更材料;

(六)因公或因私出国(境)的记载材料;

(七)档案工资变更材料;

(八)奖惩材料;

(九)党、团组织建设工作中形成的有关材料;

(十)其他按规定应收入人事档案的材料。

对于收集的流动人员人事档案材料,人才服务机构要认真审核鉴别,需单位盖章和本人签字的,签字盖章后方能归入档案。

第十二条　人才服务机构应按照《干部档案整理工作细则》的有关规定认真做好流动人员人事档案材料的整理工作。防止丢失档案材料,严禁擅自泄露档案内容,擅自涂改、抽取、销毁或伪造流动人员人事档案材料。如因保管不善,造成档案材料的损坏、丢失,责任单位应负责补建损坏、丢失的档案材料,并同时出具补建档案材料的证明,经上级机关审批后归入档案。

第十三条　人才服务机构应按照有关规定,建立健全流动人员人事档案查阅、借阅工作制度、工作程序。对不符合查阅、借阅条件的,人才服务机构可根据实际情况,代为查阅后,向查阅单位介绍被查阅人的有关情况。

人才服务机构不得向任何个人提供查阅、借阅本人及其直系亲属的人事档案。

第十四条　人才服务机构应具备管理流动人员人事档案的物质条件,建立坚固的防火、防潮专用档案库房,配备铁质档案柜;经常检查库房的防火、防潮、防蛀、防盗、防光、防高温等安全设施;档案库房、阅档室和管理人员办公室要"三室"分开;档案要有专人管理,无关人员不得进入档案库房;库房内严禁吸烟,更不能明火进入库房,要保证流动人员人事档案的绝对安全。

第十五条　人才服务机构要不断研究和改进档案的保管方法和保护技术,逐步将现代化管理手段及微机管理引入流动人员人事档案管理工作。

第十六条　市、区、县党委组织部门和政府人事行政部门,应加强对流动人员人事档案管理工作的领导,列入议事日程,及时研究管理工作中出现的问题,采取有效措施,完善有关管理制度。

第十七条　人才服务机构要注意加强流动人员人事档案管理队伍的建设,按流动人员人事档案管理数量选派党性强、作风正、忠于职守、具有一定的档案管理专业知识的共产党员从事流动人员人事档案管理工作,注意对他们的教育和培训,不断提高政策水平和业务能力,并要保持队伍的相对稳定。

第十八条　人才服务机构管理流动人员人事档案,应本着"服务为主、适当收费"的原则,按照规定收取服务费。

第十九条　对违反《流动人员人事档案管理暂行规定》和本管理办法有下列情形的,由市、区、县党委组织部门和政府人事行政部门进行处理:

(一)擅自管理流动人员人事档案的单位或个人;

(二)擅自涂改档案内容或伪造档案材料的;

(三)擅自向外公布、泄露档案内容的;

(四)在流动人员人事档案的收集、整理、保管、利用、转递等管理工作中,出现违反《流动人员人事档案管理暂行规定》和本管理办法的行为,造成严重后果的。

对上述所列情形负有责任的单位或直接责任者,要视情节轻重,给予批评教育或党纪、政纪处分;触犯法律的,要依法追究责任。

第二十条　本管理办法由北京市人事局负责解释。

第二十一条　本管理办法自下达之日起施行。

过去的管理办法与本管理办法相抵触的,以本办法为准。

附录8 干部人事档案材料收集归档规定

(中组发〔2009〕12号)

第一章 总 则

第一条 为了规范干部人事档案材料收集归档工作,确保为公道正派地选人用人提供真实、全面的档案信息,为维护干部的合法权益提供依据,根据《中华人民共和国档案法》《中华人民共和国公务员法》《党政领导干部选拔任用工作条例》和《干部档案工作条例》等法律法规,制定本规定。

第二条 干部人事档案材料收集归档工作遵循真实、全面、及时、规范的原则,重点收集反映干部自然情况和德、能、勤、绩、廉等方面的材料,并根据经济社会发展和组织工作的需要,不断充实完善干部人事档案的内容。

第三条 干部人事档案材料形成部门和干部人事档案管理部门必须认真贯彻执行有关的法律、法规和组织、人事等工作的政策、规定。收集归档工作受国家有关法律、法规的保护和监督。

第四条 本规定适用于各级党委、人大、政府、政协、纪委、人民法院、人民检察院和各民主党派、人民团体机关的干部人事档案材料收集归档工作。

国有企业和事业单位的干部人事档案材料收集归档工作参照本规定执行。

流动人员人事档案材料收集归档工作参照本规定执行。

第二章 归档范围

第五条 履历材料:履历表和属于履历性质的登记表等材料。

第六条 自传材料:自传和属于自传性质的材料。

第七条 报告个人有关事项的材料:领导干部个人有关事项发生变化的报告表等材料。

第八条 考察、考核、鉴定材料:考察材料;在重大政治事件、突发事件和重大任务中的表现材料;定期考核材料,年度考核登记表,援藏、援疆、挂职锻炼等考核材料;工作调动、转业等鉴定材料;后备干部登记表(提拔使用后归档)等材料。

第九条 审计材料:经济责任审计结果报告。

第十条 学历学位材料:高中毕业生登记表;中专毕业生登记表;普通高等教育、成人高等教育、自学考试、党校、军队院校报考登记表,入学考试各科成绩表,研究生推免生登记表,专家推荐表;学生(学员、学籍)登记表,学习成绩表,毕业生登记表,授予学位的材料,毕业证书、学位证书复印件,党校学历证明;选拔留学生审查登记表等参加出国(境)学习和中外合作办学学习的有关材料;国务院学位委员会、教育部授权单位出具的国内外学历学位认证材料等。

第十一条 培训材料:为期两个月以上的学员培训(学习、进修)登记表、考核登记表、结业登记(鉴定)表等材料。

第十二条 职业(任职)资格材料:职业资格考试合格人员登记表或职业(任职)资格证书复印件;教师资格认定申请表等材料。

第十三条 评(聘)专业技术职称(职务)材料:专业技术职务任职资格评审表、申(呈)报表,聘任专业技术职务审批表等材料。

第十四条 反映科研学术水平的材料:当选为中国科学院院士、中国工程院院士的通知;遴选博士生导师简况表;博士后工作期满登记表;被县处级以上党政机关、人民团体等评选为专业拔尖人才的材料;科研工作及个人表现评定材料,业务考绩材料;创造发明、科研成果鉴定材料,著作、译著和有重大影响的论文目录。

第十五条 政审材料:上级批复、审查(复查、甄别)结论、调查报告及主要依据与证明材料;本人对结论的意见、检查、交代或情况说明材料;撤销原审查结论的材料;各类政审表。

第十六条 更改(认定)姓名、民族、籍贯、国籍、入党入团时间、参加工作时间等材料:个人申请、组织审查报告及主要依据与证明材料、上级批复;计算连续工龄审批材料等。

第十七条 党、团组织建设工作中形成的材料:

(一)中国共产党入党志愿书、入党申请书、转正申请书;整党工作、党员重新登记工作中民主评议党员的组织意见,党员登记表,党支部不予登记或缓期登记的决定、上级组织意见;不合格党员被劝退或除名的组织审批意见及主要依据材料;取消预备党员资格的材料;退党、自行脱党材料;恢复组织生活(党籍)的有关审批材料。

(二)中国共产主义青年团入团志愿书。

(三)加入或退出民主党派的材料。

第十八条 表彰奖励材料:县处级以上党政机关、人民团体等予以表彰、嘉奖、记功和授予荣誉称号的审批(呈报)表、先进人物登记(推荐、审批)表、先进事迹材料;撤销奖励的有关材料等。

第十九条 涉纪涉法材料:处分决定,免予处分的意见,上级批复,核实(调查、复查)报告及主要依据与证明材料,本人对处分决定的意见、检查、交代及情况说明材料;解除(变更、撤销)处分的材料;检察院不起诉决定书;法院刑事判决书、裁定书;公安机关作出行政拘留、限制人身自由、没收违法所得、收缴非法财物、追缴违法所得等的行政处理决定等。

第二十条 招录、聘用材料:录(聘)用审批(备案)表;选调生登记表及审批材料,选聘到村任职高校毕业生登记表;应征入伍登记表,招工审批表;取消录用、解聘材料。

第二十一条 任免、调动、授衔、军人转业(复员)安置、退(离)休材料:干部任免审批表及相应考察材料;干部试用期满审批表;公务员登记表,参照公务员法管理机关(单位)工作人员登记表;公务员调任审批(备案)表,干部调动审批材料;援藏、援疆、挂职锻炼登记(推荐)表;授予(晋升)军(警)衔、海关关衔、法官和检察官等级审批表;军人转业(复员)审批表;退(离)休审批表等材料。

第二十二条 辞职、辞退、罢免材料:自愿辞职、引咎辞职的个人申请、同意辞职决定等材料,责令辞职的决定,对责令辞职决定不服的申诉材料、复议决定;辞退公务员审批表、辞退决定材料;罢免材料。

第二十三条 工资、待遇材料:新增人员工资审批表、转正定级审批表,工资变动(套改)表、提职晋级和奖励工资审批表或工资变动登记表,工资停发(恢复)通知单;享受政府特殊津贴的材料；解决待遇问题的审批材料。

第二十四条　出国（境）材料：因公出国（境）审批表，在国（境）外表现情况或鉴定等材料；外国永久居留证、港澳居民身份证等的复印件。

第二十五条　党代会，人代会，政协会议，人民团体和群众团体代表会议，民主党派代表会议形成的材料：委员当选通知或证明材料，委员简历；代表登记表等。

第二十六条　健康检查和处理工伤事故材料：录用体检表，反映严重慢性病、身体残疾的体检表；工伤致残诊断书，确定致残等级的材料。

第二十七条　治丧材料：生平，非正常死亡调查报告等材料。

第二十八条　干部人事档案报送、审核工作材料：干部人事档案报送单；干部人事档案有关情况说明等材料。

第二十九条　其他材料：毕业生就业报到证（派遣证），人事争议仲裁裁决书（调解书），公务员申诉处理决定书（再申诉处理决定书、复核决定），再生育子女申请审批表等有参考价值的材料。

第三章　收集归档要求

第三十条　干部人事档案材料形成部门，必须按照有关规定规范制作干部人事档案材料，建立干部人事档案材料收集归档机制，在材料形成之日起一个月内按要求送交干部人事档案管理部门归档并履行移交手续。

第三十一条　干部人事档案管理部门应当建立联系制度，及时掌握形成干部人事档案材料的信息，主动向干部人事档案材料形成部门、干部本人和其他有关方面收集干部人事档案材料。

第三十二条　干部人事档案管理部门必须严格审核归档材料，重点审核归档材料是否办理完毕，是否对象明确、齐全完整、文字清楚、内容真实、填写规范、手续完备。

第三十三条　成套材料必须头尾完整，缺少的档案材料应当进行登记并及时收集补充。

第三十四条　归档材料填写不规范，手续不完备，或材料上的姓名、出生时间、参加工作时间和入党时间等与档案记载不一致的，材料形成部门应当重新制作，补办手续，或者由具有干部管理权限的组织（人事）部门审改（或出具组织说明）并加盖公章。

第三十五条　归档材料一般应当为原件。证书、证件等特殊情况需用复印件存档的，必须注明复制时间，并加盖材料制作单位公章或干部人事关系所在单位组织（人事）部门公章。

第三十六条　干部人事档案材料的载体使用16开型（长260毫米，宽184毫米）或国际标准A4型（长297毫米，宽210毫米）的公文用纸，材料左边应当留有20—25毫米装订边，字迹材料应当符合档案保护要求。

第三十七条　符合归档要求的材料，必须在接收之日起一个月内放入本人档案，一年内整理归档。

第四章　纪律和监督

第三十八条　各级组织（人事）部门应当加强对干部人事档案材料收集归档工作的监督和检查，严肃纪律、严格管理，确保干部人事档案材料收集归档工作有序进行。

第三十九条　在干部人事档案材料收集归档工作中，干部人事档案材料形成部门、干部

人事档案工作人员和干部本人必须严格执行本规定,并遵守以下纪律:

（一）不准以任何借口涂改、伪造档案材料。

（二）不准将应归档材料据为己有或者拒绝、拖延归档。

（三）不准将本规定所列归档范围之外的材料擅自归档。

（四）不准将虚假材料和不符合归档要求的材料归入档案。

（五）不准私自、指使或者允许他人抽取、撤换或销毁档案材料。

第四十条　对违反干部人事档案材料收集归档工作纪律的,视其性质、情节轻重和造成的后果,对负有主要责任的领导人员和直接责任人员进行批评教育,或给予党纪、政纪处分。其中,档案工作人员参与涂改、伪造档案材料的,要从严从重处理,并不得继续从事干部人事档案工作。

第五章　附　　则

第四十一条　本规定由中共中央组织部负责解释。

第四十二条　本规定自下发之日起施行,1996年印发的《干部人事档案材料收集归档规定》同时废止。我部此前制定的有关规定,凡与本规定不一致的,以本规定为准。

附录9　关于进一步加强流动人员人事档案管理服务工作的通知

（人社部发〔2014〕90号）

各省、自治区、直辖市及新疆生产建设兵团党委组织部，政府人力资源社会保障厅（局）、发展改革委、物价局、财政（财务）厅（局）、档案局：

　　为进一步做好流动人员人事档案管理服务工作，建立健全流动人员人事档案公共服务体系，更好地服务于人才强国战略和就业优先战略的实施，根据《中华人民共和国档案法》以及《中共中央组织部关于进一步从严管理干部档案的通知》（中组发〔2014〕9号）等文件要求，现就有关问题通知如下：

　　一、健全流动人员人事档案管理体制。流动人员人事档案管理实行集中统一、归口管理的管理体制，主管部门政府人力资源社会保障部门，接受同级党委组织部门的监督和指导。流动人员人事档案具体由县级以上（含县级）公共就业和人才服务机构以及经人力资源社会保障部门授权的单位管理，其他单位未经授权不得管理流动人员人事档案。严禁个人保管本人或他人档案。跨地区流动人员的人事档案，可由其户籍所在地或现工作单位所在地的公共就业和人才服务机构管理。

　　二、明确流动人员人事档案范围。流动人员人事档案是人事档案的重要组成部分。具体包括：非公有制企业和社会组织聘用人员的档案；辞职辞退、取消录（聘）用或被开除的机关事业单位工作人员档案；与企事业单位解除或终止劳动（聘用）关系人员的档案；未就业的高校毕业生及中专毕业生的档案；自费出国留学及其他因私出国（境）人员的档案；外国企业常驻代表机构的中方雇员的档案；自由职业或灵活就业人员的档案；其他实行社会管理人员的档案。

　　三、加强流动人员人事档案基本公共服务。流动人员人事档案管理服务是基本公共就业和人才服务的重要内容。流动人员人事档案基本公共服务应当包括：档案的接收和转递；档案材料的收集、鉴别和归档；档案的整理和保管；为符合相关规定的单位提供档案查（借）阅服务；依据档案记载出具存档、经历、亲属关系等相关证明；为相关单位提供入党、参军、录用、出国（境）等政审（考察）服务；党员组织关系的接转。各级公共就业和人才服务机构可结合本地实际，进一步拓展公共服务内容。要完善服务标准和服务流程，推进服务的规范化和精细化，不断满足服务对象的基本需求。

　　四、规范流动人员人事档案接收和转递。各级公共就业和人才服务机构不得拒收符合存放政策以及按照有关政策规定转来的流动人员人事档案。接收的档案应真实、准确、完整、规范，如实反映存档人员的出生日期、教育培训、工作经历、职务任免、职称评审、奖励处罚、政治面貌等基本情况。要加强与存档人员本人、工作单位及相关部门的联系，及时收集有关材料，建立规范的收集、鉴别、整理、归档机制。存档期间不再调整档案工资。档案转递时，行政（工资）介绍信、转正定级表、调整改派手续等材料不再作为接收审核流动人员人事档案必备材料。转递档案时应严密包封并填写档案转递通知单，通过机要交通或派专人送取，严禁个人自带档案转递。

五、提高流动人员人事档案管理服务信息化水平。信息化是流动人员人事档案管理服务的重要手段和发展方向。各地要大力推进流动人员人事档案信息化建设,全面掌握流动人员的数量、结构、分布、流向等情况,更好地服务于高校毕业生及中专毕业生就业、流动人才党员管理等工作。研究制定流动人员人事档案信息化建设标准,推进档案数字化,实现数据向上集中,完善资源共享、异地查阅、统计分析等功能,为全国跨地区档案信息的共享和管理服务水平的提升奠定基础。建立流动人员人事档案基本情况定期统计分析和信息报送制度,探索建设诚信档案、业绩档案等,充分发挥流动人员人事档案的凭证、依据和参考作用。

六、加强流动人员人事档案安全管理。各级公共就业和人才服务机构要牢固树立流动人员人事档案安全防护意识,切实做好档案安全管理工作。要不断研究和改进档案的保管方法和保管技术,提高流动人员人事档案库房的安全防灾标准,建立健全人防、物防、技防"三位一体"的安全防范体系。对已建立的流动人员电子人事档案,要采取措施,确保信息安全和长期可用。要健全并严格执行各项规章制度,完善监测和防护措施,开展经常性的档案安全检查,及时发现和排除隐患,严防失密、失窃、损毁等档案安全事故发生。

七、完善流动人员人事档案基本公共服务经费保障制度。自 2015 年 1 月 1 日起,取消收取人事关系及档案保管费、查阅费、证明费、档案转递费等名目的费用。各级公共就业和人才服务机构应提供免费的流动人员人事档案基本公共服务。各地要将相关经费纳入同级财政预算,可参考保管的流动人员人事档案数量等因素确定经费数额。要加大对流动人员人事档案库房、服务场所和信息系统等基础设施的投入,保障相关工作正常开展。

八、严肃流动人员人事档案纪律。各级公共就业和人才服务机构要严格按照《档案管理违法违纪行为处分规定》(监察部、人力资源社会保障部、国家档案局令第 30 号)和《中共中央组织部关于进一步从严管理干部档案的通知》的有关要求,承担起业务把关责任,在档案和材料接收、查(借)阅、转递、保管等环节,严格制度、全程把关、不留死角。严禁任何单位和个人涂改流动人员人事档案,严禁在年龄、工龄、党龄、学历、经历和身份等方面弄虚作假,严禁为不符合政策规定的人员新建、重建档案,不得无故推诿拒收档案,不得出具虚假证明,不得擅自向外公布或泄露流动人员人事档案内容。对违反上述规定的,由党委组织部门和政府人力资源社会保障部门严肃查处,视情节轻重给予当事人和相关责任人批评教育或党纪、政纪处分;触犯法律的,要依法追究责任。

九、加强对流动人员人事档案管理服务工作的组织领导。各级人力资源社会保障部门要将流动人员人事档案管理服务作为一项重要工作,切实加强组织领导和指导监管。各级公共就业和人才服务机构要严明纪律,完善制度,从严管理流动人员人事档案。要加强流动人员人事档案管理服务人员队伍建设,选配政治可靠、作风正派、责任心强、业务素质好的中共党员从事档案管理工作。要开展党性教育、理论学习、业务培训、工作交流和纪律约束等多种形式的教育培训活动,提高流动人员人事档案工作人员政治素质、政策水平和业务能力。要开展流动人员人事档案服务窗口作风建设活动,建立作风建设长效机制,不断提升服务水平和质量。

附录10　关于简化优化流动人员人事档案管理服务的通知

(人社厅发〔2016〕75号)

各省、自治区、直辖市及新疆生产建设兵团人力资源社会保障厅(局):

《中共中央组织部、人力资源社会保障部等五部门关于进一步加强流动人员人事档案管理服务工作的通知》(人社部发〔2014〕90号)印发以来,各地认真贯彻落实文件要求,将流动人员人事档案管理服务纳入基本公共服务范围,及时取消收取人事关系及档案保管费,积极做好档案接收、整理、保管、利用和转递工作,取得明显进展。但是,目前流动人员人事档案管理服务中仍然存在手续繁琐、标准不统一、个别机构拒收档案等问题,与流动人员的期待还有一定差距。按照《国务院办公厅关于简化优化服务流程方便基层群众办事创业的通知》(国办发〔2015〕86号)和《人力资源社会保障部关于加强和改进人力资源社会保障领域公共服务的意见》(人社部发〔2016〕44号)有关精神,为进一步简化优化服务流程,创新和改进流动人员人事档案管理服务,切实解决流动人员存档过程中的问题,现就有关事项通知如下:

一、推进流动人员人事档案管理服务信息公开

(一)公布机构目录和办事指南。各地要汇总整理辖区内公共就业和人才服务机构以及授权管理流动人员人事档案的机构(以下简称档案管理服务机构)信息,包括机构名称、地址和联系方式等,并实行动态更新。要全面落实人社部发〔2014〕90号文件明确的基本公共服务内容,并结合本地实际,梳理服务项目,细化办事流程,编制服务指南,明晰办事时限和注意事项。要通过各级政府网站、相关专业网站、服务场所显示屏以及印制手册等形式,向社会公开档案管理服务机构信息和办事指南。有条件的地方可开通官方微博、微信公众号等,及时发布相关信息。

(二)加强对重点群体的指导。各地要积极做好面向高校毕业生等重点群体的政策解读,每年在高校毕业生离校前后,将档案管理服务政策作为就业创业政策咨询、就业指导等活动的重要内容,加大宣传力度,引导做好档案转递工作。

(三)宣传普及档案政策知识。各地要通过多种渠道组织形式多样的流动人员人事档案管理服务知识宣传,介绍档案材料内容、形成过程及主要功能,提高用人单位和存档人对档案重要性的认识,强化档案材料收集意识,营造良好工作氛围。

二、促进流动人员人事档案管理服务便民利民

(四)实行档案接收告知承诺制。档案管理服务机构在接收档案时,要本着实事求是、便民利民的原则,对缺少材料的实行告知承诺制。要认真审核和甄别档案材料,对缺少关键材料的,一次性告知所缺材料及其可能造成的影响,经本人作出书面知情说明、承诺补充材料后予以接收,或与原工作单位协商退回并补充材料。对缺少非关键材料的,采取先存后补方式予以接收。关键材料一般是指用于核定存档人的出生日期、参加工作时间、入党时间、学历学位、工作经历等重要信息的材料。

(五)取消办理转正定级等手续。为简化办事环节和手续,今后档案管理服务机构对初

次就业的流动人员不再办理转正定级手续。机关事业单位和国有企业在招考、聘用、招用流动人员时,可参考档案中的劳动合同、企业录用手续等材料及就业登记、劳动用工备案、社会保险缴费记录,认定参加工作时间和工作年限。档案管理服务机构要通过多种渠道,指导、督促用人单位和个人及时将上述材料收集归档。流动人员人事档案存档期间,档案管理服务机构不再办理档案工资记载、调整相关手续。

（六）畅通档案转递渠道。档案管理服务机构转递档案时不再开具行政（工资）介绍信。应届高校毕业生档案被档案管理服务机构接收、成为流动人员人事档案后,即可按照有关规定进行转递。个人跨地区就业且按照有关规定办理入职手续后,其档案在有人事档案管理权限的机关事业单位、国有企业和流动人员人事档案管理服务机构之间可直接办理转递手续。档案转递时,转出机构要在档案内附上档案材料目录清单,通过机要通信或专人送取方式进行转递,不得个人自带档案。

（七）推进前台业务受理、后台政策协调。办理社会保险代缴、退休初审、专业技术资格评定等其他基于档案延伸服务的档案管理服务机构,要加强前台服务和后台政策的协调,及时反映有关共性问题,并配合行政管理部门研究制定合理可行的解决办法,积极为存档人解决难题。

（八）强化人力资源社会保障系统信息共享。各地要建立人力资源社会保障部门内部信息共享机制。档案管理服务机构要加强与其他经办机构的信息互通和数据衔接,依据档案材料可出具相关证明的,不再转递档案。

（九）推进档案信息化工作。各级人力资源社会保障部门要加快流动人员人事档案电子化、数字化工作,建立全国流动人员人事档案基础信息数据库,推动数据向上集中,方便档案信息异地查询,加强信息安全管理。有条件的地方可开发流动人员人事档案管理服务网上办事平台,推广网上预审、网上受理、网上办理,提高管理水平和服务效率。

三、规范收费行为

（十）严格落实取消收费规定。档案管理服务机构要不折不扣地贯彻落实取消档案收费和人才集体户口管理服务费（包括经营服务性质的收费）的决定。各级人力资源社会保障部门要积极协调同级财政部门落实人社部发〔2014〕90号文件要求,将流动人员人事档案基本公共服务相关经费纳入同级财政预算,参考保管的档案数量等因素确定经费数额。

（十一）规范基于档案的延伸服务的收费行为。不得将参加社会保险、职称评审等业务与档案保管相挂钩,杜绝以档案为载体的捆绑收费、隐形收费行为。对基于档案延伸的其他服务,严格按物价部门核准的收费依据和标准进行收费,并且做到公开透明；没有收费项目和收费标准的,一律不得收费。

（十二）加大对基础设施建设的投入。各地要结合制定"十三五"规划、实施金保工程二期、加强基层就业和社会保障服务设施建设等,加大对流动人员人事档案库房、服务场所和信息系统等基础设施建设的投入,保障档案管理服务工作正常开展。

四、健全流动人员人事档案管理服务工作体系

（十三）建立科学合理的服务体系。各省级人力资源社会保障部门要根据当前辖区内档案管理服务机构现状,建立科学合理的流动人员人事档案管理服务体系,形成以县级及以上公共就业和人才服务机构为主体,授权管理服务机构为补充的流动人员人事档案管理服务工作格局。省级、地市级档案管理服务机构要充分考虑县级档案管理服务机构的实际服

务能力和条件，不得强行推行档案属地化管理服务，对现已保管的流动人员人事档案，除因用人单位或本人申请档案转递外，一律不得以任何理由进行清退。

（十四）落实人事档案管理的主体责任。对用人单位集体委托存档的，原则上由用人单位工商营业执照或组织机构代码登记的同级档案管理服务机构负责；对个人委托存档的，按照本人自愿选择，由其现工作单位所在地或户籍所在地的档案管理服务机构负责。鼓励用人单位办理集体委托存档业务，加强档案材料收集，提高管理服务效率。有人事档案管理权限的国有企业、国有控股企业和事业单位，要依据有关规定做好本单位干部职工档案管理工作。

（十五）强化行政部门指导监督职能。各级人力资源社会保障行政部门要将流动人员人事档案管理服务作为公共服务的重要内容，切实加强组织领导，做好统筹规划，明确职责分工，完善政策制度，强化监督检查。对存在虚假宣传、推诿拒收、无故清理档案、违反档案保密纪律等行为的档案管理服务机构，要加强问责，督促整改。流动人员人事档案比较集中的超大城市人力资源社会保障部门，要尽快制定并实施在本地就业的非户籍流动人员的人事档案管理服务相关规定。

各级人力资源社会保障部门要统一思想，提高认识，切实贯彻落实好简化优化流动人员人事档案管理服务的各项措施，加强服务窗口作风建设，创造性地开展工作，为人才流动就业服务，为大众创业、万众创新服务。各地在工作中遇到的新情况新问题，请及时向人力资源社会保障部人力资源市场司反馈。

人力资源社会保障部办公厅

2016 年 5 月 25 日

主要参考文献

1. 王法雄,《人事档案管理概论》,武汉:湖北人民出版社,1984年。
2. 朱玉媛,《现代人事档案管理》,北京:中国档案出版社,2002年。
3. 邓绍兴,《人事档案教程》,北京:中国传媒大学出版社,2008年。
4. 朱玉媛,周耀林,《人事档案管理原理与方法》,武汉:武汉大学出版社,2011年。
5. 张虹、姬瑞环,《档案管理基础》(第3版),北京:中国人民大学出版社,2013年。
6. 陈琳,《档案管理技能训练》,北京:机械工业出版社,2011年。
7. 姜之茂,《档案人员岗位培训教程》,北京:中国档案出版社,2002年。
8. 北京市人力资源和社会保障局编,《北京市人力资源和社会保障政策实用手册》,北京:中国民航出版社,2018年。
9. 本书编委会编,《人事档案管理实务》,北京:中国电力出版社,2017年。

图书在版编目(CIP)数据

人事档案管理实务/李晓婷编著. —2版. —上海:复旦大学出版社,2019.8(2024.7重印)
(复旦卓越)
人力资源管理和社会保障系列教材
ISBN 978-7-309-14413-0

Ⅰ.①人… Ⅱ.①李… Ⅲ.①人事档案-档案管理-高等职业教育-教材 Ⅳ.①G275.9

中国版本图书馆 CIP 数据核字(2019)第 122274 号

人事档案管理实务(第二版)
李晓婷 编著
责任编辑/戚雅斯

复旦大学出版社有限公司出版发行
上海市国权路 579 号 邮编:200433
网址:fupnet@fudanpress.com http://www.fudanpress.com
门市零售:86-21-65102580 团体订购:86-21-65104505
出版部电话:86-21-65642845
上海崇明裕安印刷厂

开本 787 毫米×1092 毫米 1/16 印张 14.25 字数 329 千字
2024 年 7 月第 2 版第 5 次印刷

ISBN 978-7-309-14413-0/G·1988
定价:40.00 元

如有印装质量问题,请向复旦大学出版社有限公司出版部调换。
版权所有 侵权必究